高等学校土木工程专业"十四五"系列教材

建筑信息模型（BIM）与应用

马会环　赵辰洋　编著

中国建筑工业出版社

图书在版编目（CIP）数据

建筑信息模型（BIM）与应用/马会环，赵辰洋编著
. —北京：中国建筑工业出版社，2022.1
高等学校土木工程专业"十四五"系列教材
ISBN 978-7-112-28254-8

Ⅰ.①建… Ⅱ.①马…②赵… Ⅲ.①建筑设计-计
算机辅助设计-应用软件-高等学校-教材 Ⅳ.
①TU201.4

中国版本图书馆 CIP 数据核字（2022）第 240681 号

　　建筑信息模型（Building Information Modeling，BIM）概念的生成开启了建筑行业的一场数字
化技术革命。本书以培养专业人才为支撑，以传授建筑信息模型知识为主要目标，培养学生数字
化建模能力、建筑信息化技术应用能力及创新能力。内容涵盖了建筑信息模型基本概念和内涵、
建筑信息模型发展历史、建筑信息模型的优点和拓展应用；主要建模软件 Revit 安装及其常用术语
和命令；三维建筑信息模型中重要构件、族的创建、BIM 模型的标注与注释标记、成果输出；基
于 Web3D 的 BIM 轻量化技术及其实现步骤；结合工程实例的 BIM 与点云技术的综合应用。图书
附有二维码，可扫描获取彩色图片、三维仿真模型及动画演示，为学生深入理解提供方便。

　　本书可作为高等院校土木工程、建筑工程及其相关专业的学生学习建筑信息模型概念、信
息化模型创建、BIM 与其他信息技术的拓展应用的教材或教学参考书，也可供建筑、结构设计
人员和建筑工程技术人员参考。

　　责任编辑：刘瑞霞　梁瀛元　吉万旺
　　责任校对：孙　莹

高等学校土木工程专业"十四五"系列教材
建筑信息模型（BIM）与应用
马会环　赵辰洋　编著

*

中国建筑工业出版社出版、发行（北京海淀三里河路 9 号）

各地新华书店、建筑书店经销

北京科地亚盟排版公司制版

北京圣夫亚美印刷有限公司印刷

*

开本：787 毫米×960 毫米　1/16　印张：11¼　字数：226 千字
2023 年 1 月第一版　　2023 年 1 月第一次印刷
定价：**45.00 元**（赠教师课件）
─────────────────────
ISBN 978-7-112-28254-8
（40257）

前　　言

　　土木工程专业属于传统工科专业，是一门应用性很强的学科，一直以来都是就业面最广的专业之一。在数字技术迅猛发展的今天，面对互联网＋、云计算、大数据、智能化、虚拟现实等信息技术和新兴科技，更应加快由传统工科专业向新型土木工程专业转型、升级的步伐，紧跟现代科技发展趋势，将先进的信息技术应用于人才创新能力的培养，包括创新意识、创新思维、创新技能、创新视野等。

　　建筑信息模型（BIM）概念的生成开启了建筑行业的一场数字化技术革命。在新一轮信息技术革命蓬勃发展的背景下，BIM 技术紧扣建筑行业转型升级的需求，帮助实现建筑信息的集成，将建筑设计、施工、运营直至建筑生命周期终结的各种信息始终整合于一个三维信息模型数据库中，各团队都可以基于该 BIM 进行协同工作，达到提高效率、节省资源、降低成本的目的，以实现可持续发展。

　　本书共分为 7 章。第 1 章讲述建筑信息模型基本概念和内涵、建筑信息模型发展历史、BIM 技术数据标准、优点和拓展应用；第 2 章介绍 BIM 建模系列软件、Revit 软件的安装及其常用术语和命令；第 3 章对 BIM 模型中重要构件的创建进行详细讲解；第 4 章讲解 BIM 模型的标注与注释标记；第 5 章讲解 BIM 模型成果输出，包括模型明细表、施工图及渲染与漫游等；第 6 章介绍基于 Web3D 的 BIM 轻量化技术及其实现步骤；第 7 章依托工程实例讲解 BIM 与点云技术的结合应用。

　　本书以培养专业人才为支撑，以传授建筑信息模型知识为主要目标，培养学生的数字化建模能力、建筑信息化技术应用能力及创新能力。全书编排图文并茂，通过形象、生动、直观的图文讲解将读者带入数字化三维模型的世界，使学生轻松愉快地收获知识。通过阅读本书，学生能够基本掌握 BIM 技术相关软件，了解软件中专业模块的使用功能及处理方式，并能综合运用软件解决实际工程中的相应问题，为后续专业课程的学习、课程设计和毕业设计的开展等奠定基础。

　　本书得到了中山大学 2022 年教学质量与教学改革工程项目支持，编者所在学科组研究生李博恩和张舒烨对本书中涉及的案例模型建立做出了重要贡献，在此一并表示衷心的感谢。

　　由于编者水平和经验有限，书中的错漏之处在所难免，敬请广大读者批评指正。

马会环　赵辰洋

2022 年 11 月于中山大学土木工程学院

目　　录

第 1 章
建筑信息模型概述

1.1　建筑信息模型基本概念和内涵

　　建筑信息模型（Building Information Modeling）概念（图 1-1）的生成开启了建筑行业的一场技术革命。这个概念由 Autodesk 公司于 2002 年率先提出，已经在业内得到广泛认可。BIM 的出现颠覆了以往的设计理念，以往的设计中设计方、施工方、管理方、运营方及使用方以点对点传递信息方式为主。BIM 的运用可以帮助实现建筑信息的集成，从建筑设计、施工、运行直至建筑全生命周期的终结，各种信息始终整合于一个三维信息模型数据库中，各个团队间可以基于 BIM 进行协同工作，达到提高效率、节省资源、降低成本的目的，以实现可持续发展。因此可以将 BIM 理解为建筑物的多维数据库或是一个协同工作环境，BIM 技术的运用是与建筑物相关的各个团队在项目生命周期内生产和管理建筑多维数据库的一个过程。美国国家 BIM 标准（NBIMS）对 BIM 的描述如下：

　　（1）BIM 是一个建设项目物理和功能特性的数字表达；

　　（2）BIM 是一个共享的知识资源，是分享有关信息、在全生命周期中提供可靠依据的过程；

　　（3）在项目的不同阶段，不同利益相关方通过在 BIM 中插入、提取、更新和修改信息支持和反映其各自职责的协同作业。

　　随着技术发展和 BIM 应用领域的扩展，BIM 的概念一直在被不断地丰富和完善，其内涵也一直在拓展创新，从三维建筑信息模型（BIM-3D）、四维建筑信息模型（BIM-4D）、五维建筑信息模型（BIM-5D）、六维建筑信息模型（BIM-6D）直至七维建筑信息模型（BIM-7D）。

　　（1）BIM-3D：三维协同模型。围绕 BIM 三维协同模型，建筑设计师、结构

1

设计师、管线设计师、管理人员、装修人员等各类参与者可以基于一个可视化的 BIM-3D 模型根据他们的需求提取所需信息，BIM-3D 协同模型是参与者们共同工作的一个基础平台，可依据模型提高沟通效率，加强和优化多方合作，减少返工及浪费，提高建设效率。

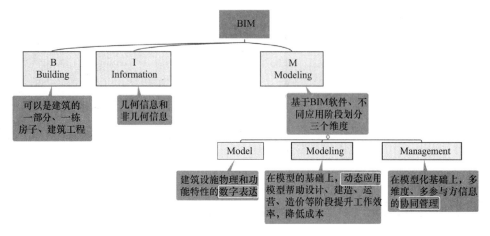

图 1-1　BIM 概念剖析图

（2）BIM-4D：四维协同管理模型是在 BIM 三维协同模型的基础上加入时间信息而形成 BIM-4D 模型的管理平台，BIM-4D 协同管理模型用于施工现场规划相关任务，能够在施工过程中及时地识别出建设工程中存在的问题。BIM 的第四个维度允许参与者在项目的整个生命周期中提取和可视化建设进度，可为参与者带来规划优化方面的好处，建筑商和制造商可以优化其施工活动和团队协调。

（3）BIM-5D：五维成本控制模型是在 BIM 四维协同管理模型的基础上增加了成本预算控制信息而形成的 BIM-5D 成本控制模型，用于预算跟踪和成本分析相关活动。与 BIM-3D 和 BIM-4D（时间）相关联的 BIM 的第五维允许参与者可视化其活动的进度和相关的成本。五维成本控制模型的使用可以提高项目估算，模型提供了用于提取和分析成本、评估方案和变更影响的方法。

（4）BIM-6D：六维耗能分析模型是在前五维模型的基础上增加了优化能源消耗功能，有助于进行能耗的分析。利用 BIM-6D 技术可以在设计过程的早期生成更完整和准确的能量估算。它还允许在建筑物占用期间进行测量和验证，并改进在高性能设施中收集经验教训的过程。可以通过分析降低建筑能耗，提高建筑的可持续性。

（5）BIM-7D：全生命周期管理模型由管理人员在整个生命周期内运行和维护。BIM 的第七个维度允许参与者提取和跟踪相关的资产数据，例如组件状态、规格、维护/操作手册、保修数据等。7D-BIM 技术的使用可以更容易、更快捷地更换零件，优化合规性和随着时间的推移简化资产生命周期管理。BIM-7D 提供了在整个设施生命周期中管理分包商/供应商数据和设施组件的流程。

从 BIM-3D 至 BIM-7D，也是 BIM 能力被不断挖掘的过程。

1.2 建筑信息模型发展历史

建筑业从手工时代，经历了电子时代，而今迈向了信息时代。计算机辅助设计（CAD）技术的应用在建筑领域实现了第一次技术革命，结束了手工绘图时代，设计师开始甩掉图板，通过计算机绘图软件完成设计任务；第二次技术革命则是以信息化技术为特征。伴随着建筑信息模型（BIM）技术的出现，建筑领域的第二次技术革命拉开了序幕，以更先进的理念和模式，推动建筑领域由二维图纸表达时代进入了三维信息化模型时代，建筑业生产效率大幅提升，如图 1-2 所示。BIM 技术强调可视化、三维动态、整体性、协同性，是 CAD 发展到一定阶段后的必然趋势。

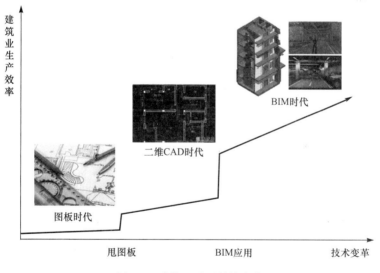

图 1-2 建筑业重要科技变革

1.2.1 计算机辅助设计的发展

计算机辅助设计（Computer Aided Design，CAD）与计算机辅助制造（Computer Aided Manufacturing，CAM）、计算机辅助教学（Computer Aided Instruction，CAI）和计算机辅助测试（Computer Aided Testing，CAT）、计算机辅助分析（CAE-Computer Aided Engineering）等技术是计算机辅助技术（Computer Aided Technology）的重要内容。随着计算机技术的飞速发展，计算

机辅助设计在各个行业的生产过程中占据了不可或缺的地位。计算机辅助设计是指在不同领域利用计算机或图形设备帮助设计人员进行设计工作的技术，计算机辅助设计的核心内涵是采用计算机技术解决设计中可能存在的各种问题，目前已广泛地应用于机械、电子、建筑及轻工业领域。

根据设计任务的不同阶段，计算机辅助设计包含很多内容，狭义定义如初始概念设计、方案优化和工程制图等，广义的计算机辅助设计还包含计算分析、数值仿真、优化设计等，如图 1-3 所示。

图 1-3　计算机辅助设计内容

计算机辅助设计（Computer Aided Design，CAD）的发展与计算机图形学的发展密切相关，并伴随着计算机及其外围设备的发展而发展。计算机图形学中有关图形处理的理论和方法构成了计算机辅助设计技术的重要基础。随着 1946 年美国麻省理工学院（MIT）研制成功世界上第一台电子计算机，计算机辅助设计技术的发展（图 1-4）主要经历了以下阶段：

（1）20 世纪 50 年代，计算机主要用于科学计算，图形设备仅具有输出功能。1952 年 MIT 试制成功首台数控机床，通过改变数控程序对不同零件进行加工制造，随后 MIT 研制开发了自动编程语言（APT），通过描述走刀轨迹的方法来实现计算机辅助编程，标志着 CAM 技术的开端。

（2）20 世纪 60 年代是交互式计算机图形学发展的最重要时期。1963 年 MIT 学者 I. E. Sutherland 在其博士论文中首次提出了计算机图形学等术语。由他研制的二维 SKETCHPAD 系统，允许设计者操作光笔和键盘，在图形显示器上进行图形的选择、定位等人机交互作业，这项研究为交互式计算机图形学及 CAD 技术奠定了基础，也标志着 CAD 技术的诞生。此后，出现了交互式图形显示器、鼠标器和磁盘等硬件设备及文件系统和高级语言等软件，并陆续出现了许多商品化的 CAD 系统和设备。

（3）20 世纪 70 年代，CAD/CAM 技术日趋成熟，并在各个制造领域得到了广泛应用。在此期间，计算机硬件的性能价格比不断提高；以小型、超小型计算机为主机的 CAD/CAM 系统进入市场并成为主流。同时，在计算机辅助设计领域内，三维几何建模软件也相继发展起来，出现了一些面向中小企业的 CAD/CAM 商品化系统，法国达索公司率先研发推出三维曲面建模系统软件 Catia。在这一时期，虽然多种计算机辅助设计的功能模块已基本形成，但各模块之间数据格式不一致，集成性差，应用主要集中在二维绘图、三维线框建模及有限元分析等方面。

（4）20世纪80年代，CAD/CAM技术在各领域内的应用得到迅速发展。微型计算机和32位字长工作站出现，与此同时，计算机硬件成本大幅下降，彩色高分辨率图形显示器、自动绘图机、大型数字化仪等计算机外围设备逐渐形成系列产品，网络技术也得到应用。另外，为满足数据交换要求，相继推出了有关标准。

（5）20世纪90年代以来，CAD/CAM/CAE技术更加强调信息集成和资源共享，出现了产品数据管理技术，CAD建模技术日益完善，出现了许多成熟的CAD/CAM/CAE集成化的商业软件。随着世界市场竞争的日益激烈，网络技术的迅速发展，各种先进设计理论和先进制造模式的迅速发展，高档微机、操作系统和编程软件的加速研发，CAD/CAM/CAE技术正在经历着前所未有的发展机遇与挑战，正在向集成化、网络化、智能化和标准化方向发展。

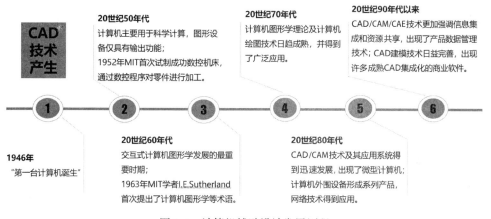

图1-4　计算机辅助设计发展历程

在建筑领域的计算机辅助设计中，设计人员借助计算机对不同建筑设计方案进行计算、分析和比较，决定最优设计方案。常见的计算机辅助设计软件包括：

（1）AutoCAD由Autodesk公司于1982年开发，是国际著名的二维和三维CAD设计软件，目前在建筑设计领域主要用于二维绘图、平面设计和基本三维设计等，是建筑行业主流的设计绘图工具。

（2）Catia软件是法国达索公司的旗舰产品。Catia模块化的设计，可以提供产品的风格和外形设计、机械设计、设备与系统工程、管理数字样机、机械加工、分析和模拟。Catia的客户集中在汽车、航空航天、船舶制造、厂房设计、电力与电子等领域。

（3）SolidWorks同样属于法国达索公司，是世界上第一款基于Windows系统开发的三维 CAD 软件。

（4）UG（Unigraphics NX）由西门子 PLM software 公司出品。

除以上应用软件外，在工程设计的不同阶段，3D 设计方面常用的软件还包括 Cinema 4D、Houdini、Zbrush、Blender、Maya、Rhino 等。

1.2.2 BIM 技术的兴起与发展

BIM 技术的开发自 1975 年开始，到如今，BIM 研究和应用得到突破性进展，其发展历程如图 1-5 所示。1975 年"BIM 之父"Eastman 教授在其研究的课题"Building Description System"（建筑描述系统）中提出"A Computer-based Description of Building"（基于计算机的建筑描述），以便于实现建筑工程的可视化和量化分析，提高工程建设效率。1982 年，Graphisoft 公司提出虚拟建筑模型（Virtual Building Model，VBM）理念，首次提到了建筑模型的概念。2002 年由 Autodesk 公司提出建筑信息模型（Building Information Modeling，BIM），BIM 概念的提出与定义是建筑设计领域的一项重大创新。进入 21 世纪，关于 BIM 技术的研究和应用取得突破性进展；随着计算机软硬件和软件水平的迅速发展，全球各建筑软件开发商相继推出了自己的 BIM 软件。

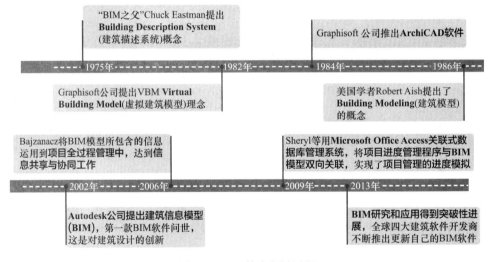

图 1-5　BIM 技术发展历程

美国在 2003 年便推出了 3D-4D-BIM 计划，并大力扶持采用 BIM 技术的项目。英国 BIM 技术起步稍晚，但英国政府强制要求使用 BIM 技术，英国建筑业 BIM 标准委员会于 2009 年发布了英国建筑业 BIM 标准。日本是亚洲较早接触 BIM 技术的国家之一，日本大量的设计单位和施工企业在 2009 年已开始应用 BIM 技术。

国内 BIM 技术的推广和应用起步较晚，2012 年以前，仅有部分规模较大的设计或者咨询公司有应用 BIM 的项目经验。住房和城乡建设部《2011—2015 年建筑业信息化发展纲要》中把 BIM 作为支撑行业产业升级的核心技术重点发展。2012 年国家 BIM 标准体系建设启动，包括统一标准、基础标准、执行标准在内的 6 本标准开始编制。经过 10 余年的发展，2015 年后，BIM 技术如雨后春笋般遍布国内各个工程项目，被人们熟知的北京中信大厦、上海迪士尼乐园、广州周大福金融中心、北京大兴国际机场等工程均应用了 BIM 技术。除了体积巨大、结构复杂的标志性工程广泛应用 BIM 技术外，越来越多的房屋建筑和基础设施工程都在应用 BIM 技术，BIM 技术从项目的稀缺品变为必需品。

1.3　BIM 技术数据标准

1.3.1　使用 BIM 技术数据标准的目的与意义

随着建筑信息化技术在建筑行业的不断深入，以 BIM 技术为代表的各类信息技术正在改变着如今建筑工程的建造和管理模式。在 BIM 技术条件下的工程建造不仅是将平面图纸上的数字产品变为实体物质建造的过程，更是将产品数字化信息不断完善的过程，从生命周期内形成的一套完整的数字产品。建筑产品信息化结合了虚拟和现实，数字化模型基于计算机的可视化和信息化管理技术，模拟整个工程过程，实现对现实情况的信息驱动与管控。在这种数字化建造模式下，各类软件提供的前后端要实现数据的不断交互、转换和共享，需要将各类工作成果/工程数据从一个软件完整地导入到另外一个软件，这个过程可能反复出现。一般情况下，工程数据信息的交换与共享则是手动完成的，效率低下，质量也无法保障，信息传递过程中很容易产生数据损失，如果涉及的软件系统很多，这将是一个很复杂的技术问题。因此需要一个标准、公开的数据表达和存储方法，每个软件都能导入、导出这种格式的工程数据，形成 BIM 技术相关的数据标准和协同作业的信息平台。

1.3.2　BIM 技术数据标准常见类别

解决建筑信息模型的转换与共享的根本方法在于建立统一的标准，也就是完善系统之间交互的共同"语言"，信息流畅地在不同数据系统之间传递。随着 BIM 相关技术的快速发展，以及工程建设管理需求的不断丰富，BIM 技术数据标准的种类也逐渐增加，下面列举三类较为常见的技术标准。

（1）工业基础类（Industry Foundation Class，IFC）：IFC 标准定义的是建

筑工程数据的数据逻辑，例如门窗定义、墙体定义、洞口定义、墙体与洞口之间的关系、洞口与门窗之间的关系等，但没有定义如何存储这些信息。使用者可以自己根据定义实际环境中用何种方式去存储信息。为了达到交换与共享的目的，必须保证文件中的数据逻辑和格式执行统一标准。

（2）信息交付标准（Information Delivery Manual，IDM）：建筑模型信息在传递过程中的可靠性、安全性和使用价值对各种 BIM 软件的使用者都十分重要。软件使用者要用自己的经验去判断发出或接受的建筑模型信息的准确程度和可用程度。使得软件使用中需要对建筑生命周期中的不同阶段进行准确的划分。IDM 的制定就是为了保证建筑信息传递的准确性与可用性，它对建筑全生命周期过程中的各个工程阶段进行了明确的划分，同时详细定义了每个工程节点各专业人员所需的建筑信息。IDM 标准同时提供了一整套的基本建筑流程模块，模块流程的提供可以帮助使用者在建筑的设计、施工等过程中，更好地做到建筑信息的交互。

（3）国际字典框架（International Framework for Dictionaries，IFD）：随着建筑信息化技术在行业中不断发展，IFC 数据标准配套下建筑信息模型在建筑全生命周期过程中的应用，建筑信息通过各种 BIM 软件来实现建筑信息模型的协同和共享。为提升建筑信息模型识别的正确率，要对 IFC 数据模型所包含的信息进行"翻译"。例如：建筑设计师想要提供板与柱的材料使用类型，首先通过IFC 格式的文件进行文本的说明，然后整合数据源语言，但是由于不同语言、方言或合成词的使用可能会使得建筑信息的接收方不能准确无误地读取建筑模型的信息。以 IFD 官方资料为例，挪威语的"dor"被翻译成英语里面的"door"，是"门"的意思，这样作为非技术的语言交流没有任何问题，但实际上在软件中挪威语里的"dor"是"门框"的意思，应该对应英语的"door set"，而英语里面的"door"指的是"门扇"，对应挪威语的"dorblad"。国内也有这种问题存在，例如"天花"又叫"吊顶"，"榔头"也是"锤子"，"角钢"还作"角铁"，这就是自然语言的特点。而 IFD 标准就是建筑信息模型的"字典"对 IFC 模型进行的"翻译"，即对 IFC 标准的补充完善。IFD 采用了概念和名称或描述分开的做法，引入类似人类身份证号码的全球唯一标识（Global Unique Identifier，GUID），给每一个概念定义一个全球唯一的标识码。不同国家、地区、语言的名称和描述与这个 GUID 进行对应，保证每一个人通过信息交换得到的信息和他想要的信息一致。

1.3.3　IFC 标准

1994 年 Autodesk 公司发起一项产业联盟，用于定义建筑信息可扩展的统一数据格式，以便在建筑、工程和施工软件应用程序之间进行交互，1997 年国际协同工作联盟（International Alliance for Interoperability，IAI）制定了一种标准、公开的数据表达和存储方法，即 IFC。随后 IAI 发展为 buildingSMART（图 1-6），针对 BIM 模型数据如何有效整合并储存，以 buildingSMART 组织为首提出通过 Open BIM 认证来解决这个问题，该认证由 buildingSMART、GRAPHISOFT、TEKLA、Trimble、NEMETSCHEK 及 DATA DESIGN SYSTEM 共同发起，让所有信息基于一个开放的标准和流程进行协同设计、建筑实作和营运管理。Open BIM 认证提供 AEC 软件供货商改进、测试和认证数据连接，帮助数据交换与其他 Open BIM 软件解决方案衔接。其主要数据交换及单元格式便是 IFC，作为一项关于国际建筑业的工程数据交换标准，IFC 目前已经被认定为 ISO 国际标准。目前市面上常见的 BIM 模型建立软件，如 Autodesk Revit、Bentley AECOsim、TEKLA 都已支持 IFC 格式汇入及汇出，GRAPHSOFT ArchiCAD 甚至直接以 IFC 作为数据单元格式，所有档案都以 IFC 方式进行储存。因此，透过 IFC 文件格式使用 BIM 模型，可以不限定前一阶段使用的建模软件，只要支持 IFC 输出格式的数据，都可以汇入 Open BIM 系统。

图 1-6 buildingSMART

自 1997 年 1 月发布 IFC1.0 以来，已经历了六个主要的改版，其中 IFC2×3 是目前大多数市面上的 BIM 软件支持的版本，而 2010 年底所发表的 IFC2×4 被认为是最符合 Open BIM 协同设计概念的跨时代的版本，此版本 IFC 包含大约 800 个实体（数据对象），358 个属性集和 121 种数据类型。

为了能够完整地描述工程所有对象，透过面向对象的特性，以继承、多型、封装、抽象、参照等各种不同的关系来描述数据间的关联性。IFC 也包含以三个 ISO 标准进行细部的数据描述，分别是透过 ISO 10303-11 使用 EXPRESS 描述语言来定义 IFC 对象之属性；ISO 10303-21 的 Part21 实作方法建立编码及交换格式；以及 ISO 10303-28 的 XML 表示方法。为明确表达所有工程数据之关系，IFC 目前已定义既有对象。以 IFC2×4 为例，在实体（Entity）定义方面已有 766 个、定义数据形态（Defined Types）上共有 126 种、列举数据形态（Enumeration Types）有 206 种、选择数据形态（Select Types）有 59 种，而内建函数（Functions）共有 42 个、内建规则（Rules）有 2 个、属性集（Property Sets）有 408 个、数量集（Quantity Sets）有 91 个、独立属性（Individual Properties）共有 1691 个，使用者可依照其规定自定义所需对象，其组合可有效地描述记录所有工程信息。

IFC 标准的核心技术内容分为两个部分，一是描述工程信息，二是获取工程信息。

在信息描述部分，IFC 标准整体的信息描述分为四个层次（图 1-7），从下往上分别为资源层、核心层、共享层、领域层。每个层次又包含若干模块，相关工程信息集中在一个模块里描述。资源层里多是基础信息定义，用来描述 IFC 标准中可能用到的所有建筑基本信息，例如材料、几何、拓扑等；核心层将资源层的各种数据信息用一个框架组织起来，使它们可以相互联系，构成完整的建筑工程信息框架整体，反映出真实建筑的结构，例如工程对象之间的关系、工程对象的位置和几何形状等；共享层将各系统的数据细化，变成可以供各方使用的共享建

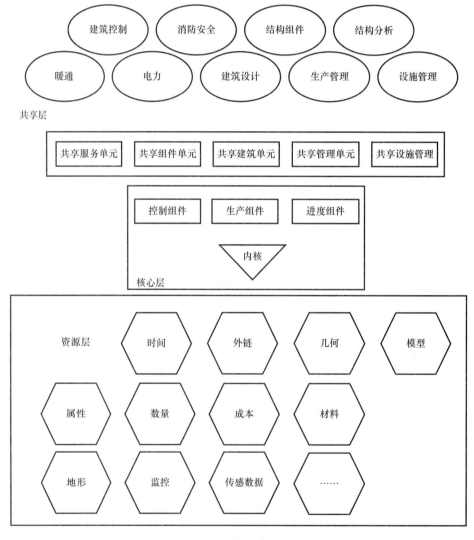

图 1-7　IFC 标准信息层次

筑元素，实现各专业领域之间的信息交互，例如墙、梁、柱、门、窗等；领域层将不同专业领域如建筑、结构、暖通、给水排水等分类管理，根据各专业的特点来进行专门的信息管理，例如暖通领域的锅炉、风扇、节气阀等。如图 1-8 所示，一个 IFC 文件通常从一个项目（Ifc Project）实例出发，逐级分解，直至其所包含的墙（Ifc Wall）、门（Ifc Door）和梁（Ifc Beam）等建筑构件（Product）。在信息获取方面，从技术方法上分，IFC 信息获取可以有两种手段，一种是通过标准格式的文件交换信息，另一种是通过标准格式的程序接口访问信息。通过读取特定文本格式的文件，提取中性文件内容的信息，文件一般包括文件头段和数据段，文件头段包含了中性文件本身的信息，例如该文件的描述以及使用的标准版本等，数据段包含了要交换的工程信息。

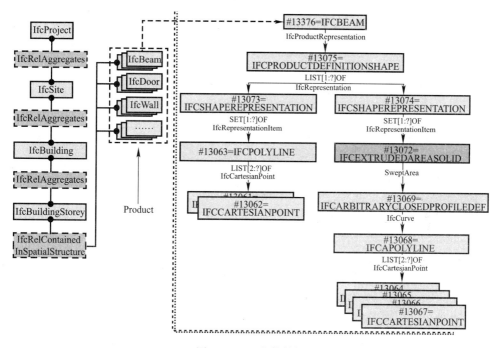

图 1-8 IFC 文件结构

1.4 建筑信息模型优点

1）可视化：所见即所得，方便沟通

在 BIM 建筑信息模型中，整个过程都是可视化的，不仅可以用来展示效果图，更重要的是，在项目设计、建造、运营过程中的沟通、讨论、决策都在三维可视化的状态下进行，项目细节直观可见，提高沟通效率，减少沟通偏差，如图 1-9 所示。

(a) 建筑鸟瞰图

烟雾探测器　智能电视

智能空调　智能窗帘

(b) 室内装修图

图 1-9　可视化效果图

2）协调性：碰撞检查，减少返工

BIM 建筑信息模型可在建筑物建造前期对各专业的碰撞问题进行协调，BIM 技术可贯穿建筑全生命周期，实现不同角色人员工作协同，比如建筑师、结构工程师、设备工程师、施工方等，各专业协同设计，避免了不必要的反复工作，如图 1-10 所示。

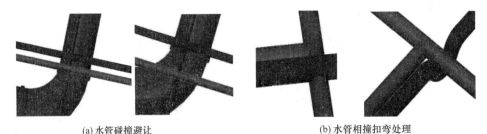

(a) 水管碰撞避让　　　　　　　　　　　　　(b) 水管相撞扣弯处理

图 1-10　管道碰撞检查

3）优化性：优化项目，减少造价

BIM 模型中可同时进行管线优化排布，合理布置管线，进行净空分析，可以做到最优方案，减少层高、管线、设备机房面积等位置的浪费，降低造价。

4）模拟性：合理施工，减少工期，控制成本

（1）进行 4D 施工模拟，将时间节点加入模拟当中，可以合理安排施工流程，合理安排物料进入时间，缩短工期；

（2）进行 5D 模拟，从而来实现成本控制；

（3）后期运营阶段可以进行日常紧急情况的处理方式的模拟，例如地震人员逃生模拟及消防人员疏散模拟等。

5）可出图性

BIM 通过对建筑物进行可视化展示、协调、模拟、优化，输出经过碰撞检查和设计修改，消除相应错误后的建筑设计图、结构设计图、综合管线等设计图纸，如图 1-11 所示。

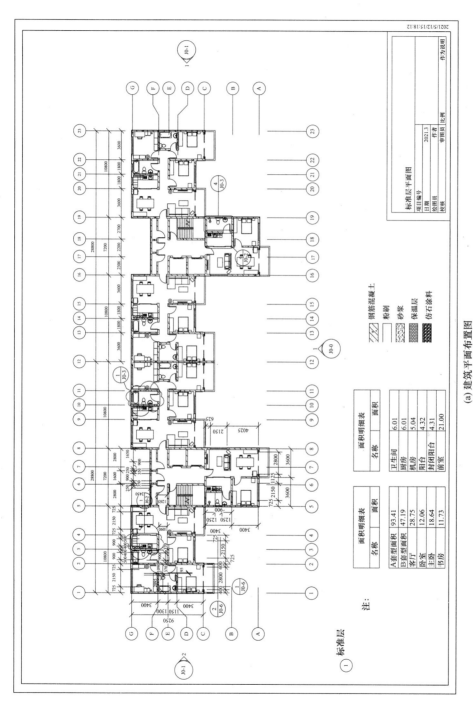

（a）建筑平面布置图

图1-11 BIM输出图纸（一）

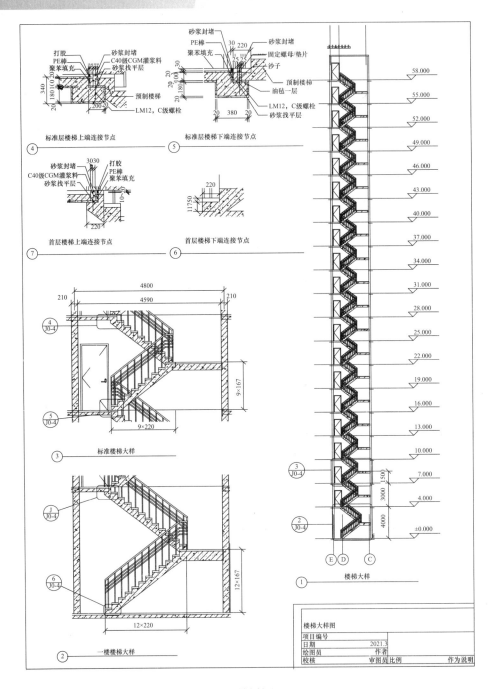

(b) 楼梯大样图

图 1-11 BIM 输出图纸（二）

1.5 建筑信息模型的拓展应用

1.5.1 BIM 与建筑工业化

1974 年，联合国出版的《政府逐步实现建筑工业化的政策和措施指引》中定义了"建筑工业化"：按照大工业生产方式改造建筑业，使之逐步从手工业生产转向社会化大生产的过程。具体指：①建筑设计的标准化与体系化；②建筑构配件生产的工厂化；③建筑施工的装配化和机械化；④结构一体化、管理集成化。各国对建筑工业化的理解见表 1-1。

各国对建筑工业化的理解　　　　　　　　　　　　　表 1-1

国家	对建筑工业化的理解
美国	主体结构构件通用化，制品和设备的社会化生产和商品化供应，把规划、设计、制作、施工、资金管理等方面综合成一体
法国	构件生产机械化和施工安装机械化，施工计划明确化和建筑程序合理化，进行高效组织
英国	使用新材料和新的施工技术，工厂预制大型构件，提高施工机械化程度，同时还要求改进管理技术和施工组织，在设计中考虑制作和施工的要求
日本	在建筑体系和部品体系成套化、通用化和标准化的基础上，采用社会大生产的方法实现建筑的大规模生产

装配式建筑是实现建筑工业化的重要手段，也是未来建筑业的发展方向。装配式建筑是指把传统建造方式中的大量现场作业转移到工厂进行，在工厂制作好建筑用构件和配件，运输到施工现场，通过可靠的连接方式在现场装配安装而成的建筑，可实现建筑过程中的标准化设计、工厂化生产、装配化施工、信息化管理、智能化应用，以达到"省""快"和"优"，节约成本，缩短工期，节约能源，节省人工，减少有害垃圾排放，节省建筑原材料，减少碳排放，节约水源，实现低碳、环保和绿色型工地。以装配式钢结构住宅为例，钢结构住宅通过统一标准生产、现场进行整体装配，可实现住宅建筑从工地"建造"到工厂"制造"的转变，实现建筑精度由"厘米"到"毫米"的转变，减少了因现场施工的不可控造成的质量缺陷，显著提高了住宅质量，提高建设速度，易于实现建筑产业现代化。

装配式建筑的实现同样面临很多的问题，以预制混凝土（PC）装配式构件为例，在设计阶段，目前存在预制构件种类控制严格、现场吊装点设置不明确、模块之间连接方式不完善、连接点的安全性和防水性能难保证等一系列问题；在构件生成环节，PC 构件是复合材料，且构件尺寸较大，其高效自动化的生产线开发及自动化生产方式的实现尚存在一定困难，目前能够大批量生产 PC 构件的工厂很少，成本也非常高；在运输环节，面临如何协调解决大构件需求、运输困难和如何解决构件装箱的成本优化等问题；在现场施工方面，也面临现场的养护和堆放要专门管理，安装顺序要严格安排，需要更高的管理和人员成本的挑战。

要解决上述问题，需要在项目开始，就把设计、施工、工厂甚至包括物流，都统筹到一起，共同设计，并通过信息化技术，把设计思想和统筹管理贯穿整个项目。通过三维建筑信息模型（BIM-3D）、四维建筑信息模型（BIM-4D）、五维建筑信息模型（BIM-5D）、六维建筑信息模型（BIM-6D）直至七维建筑信息模型（BIM-7D）实现全生命周期的多点信息化沟通与交流。利用 BIM 在设计阶段精细化建模，合理拆分模型，节约生产成本；利用 BIM 的模块化设计来设计出可重复利用的构件，建立自由组合的模块库，实现不同项目中构件模具互通互用；利用 BIM 技术的自动统计功能和加工图功能，实现工厂精细化生产，节约人力财力；利用 BIM 技术实现现场吊装和施工模拟，优化装配式施工，解决现场施工中的问题。

1.5.2 基于 BIM 的工程项目管理

1）概述

BIM 能够连接建筑生命期不同阶段的数据、过程和资源，是对工程对象的完整描述，可供建筑项目各参与方普遍使用，帮助项目团队提升决策的效率与正确性，因此，它能对建设项目全生命期内各个阶段所有信息进行电子化集成应用与管理，有效避免"信息孤岛"和"信息断层"现象。建筑项目全生命周期贯穿于项目整个过程的建筑信息管理，包括规划、设计、生产施工、运营维护以及拆除再利用等过程，参与方则包括政府单位、业主单位、勘察设计单位、施工单位、监理咨询单位、供货单位、运维单位等。BIM 的全生命周期应用一直都是建筑工程的热点，根据 2010 年的统计数据，在多于 50 人的美国建筑公司中，60％的建筑师在应用 BIM，而在芬兰，93％的建筑师应用 BIM，62％的 BIM 用户表示他们会在超过 30％的项目中应用 BIM。2008 年及 2010 年，以建筑信息化为主题的国际会议 International Conference of Computing in Civil and Building Engineering 中，以 BIM 为主题的论文分别约占全部论文的 10％和 25％，相关方面内容一直是研究的热门方向。

2）建筑全生命周期阶段划分

建筑全生命周期一般划分为以下几个阶段（图 1-12）：

（1）规划决策阶段，针对工程项目的可行性、工程费用的估算合理与否进行评估，运用 BIM 技术构建规划对象的档案数据库，做出科学决策。

（2）设计阶段，建筑造型方案的 BIM 模型无缝传递给结构专业，经过结构师对建筑模型受力分析及完成结构设计，增加了结构模型后，再将包含有建筑、结构信息的 BIM 模型传递给设备安装专业进行给水排水、暖通、电气等设计工作，增加安装工程模型信息，现在的 BIM 模型就包含了建筑、结构、安装的所有数字信息。

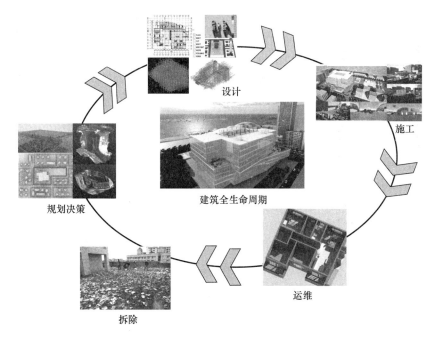

图 1-12　建筑全生命周期示意图

（3）施工阶段，利用 BIM 模型，可直接统计出建筑的实物工程量，根据清单计价规则套上清单信息，形成招标文件的工程量清单，快速完成招标控制价。投标单位按照招标文件要求自主报价，招标投标变得简单快捷。利用 BIM 模型，添加时间进度信息，就可以实现 4D 模拟建造，分析统计每阶段的成本费用，进行 5D 模拟，准确直观，根据需要还可以进行 nD 模拟。

（4）运维阶段，利用 BIM 模型进行数字化管理。利用 BIM 模型可以合理布置监控摄像头的位置，科学安防；可以利用 BIM 模型进行建筑和设施维护；当发生火灾等灾害时，可以利用 BIM 模型，科学地指导人员快速疏散和营救。

（5）拆除阶段，利用 BIM 模型分析拆除的最佳方案，确定爆破方案的炸药点设置是否合理，可以在 BIM 模型上模拟爆破的坍塌反应，评价爆破对本建筑及周边建筑的影响。利用 BIM 模型，可以方便地计算出建筑拆除残值，变废为宝。

3）建筑全生命周期一体化管理模式

建筑全生命周期一体化管理模式下的项目运作流程与传统项目运作流程有一定的相似之处，但是比传统项目管理模式更加注重项目参与方目标的平衡、信息有效流通和并行工程的应用。

建筑全生命周期一体化管理模式一般由业主单位牵头，专业咨询方全面负责，再从各主要参与方中分别选出一至两名专家一起组成全生命期一体化项目管理组，将全生命期中各主要参与方、各管理内容、各项目管理阶段有机结合起来，实现组织、资源、目标、责任和利益等一体化，相关参与方之间有效沟通和信息共享，从而向业主单位和其他利益相关方提供价值最大化的项目产品。

项目管理组织是参与项目管理工作，并且职责、权限分工和相互关系得到安排的一组人员及设施，包括业主单位、咨询方、承包方和其他参与项目管理的单位针对项目管理工作而建立的管理组织。建设项目中常见的项目管理组织类型包括直线制、职能制和矩阵制等。建筑全生命周期一体化管理模式除了具有一般项目管理的共性之外，还具有其特性，决定了其特殊的组织结构，其中，业主作为项目的最高决策者，负责监督和管理，对项目负有最终的决策控制权，最终决定项目实施方并签订合同，同时组织、领导和监管各项工作。

建筑全生命周期一体化管理模式主要涵盖了三个方面：参与方一体化、管理要素一体化、管理过程一体化。参与方一体化的实现，有利于各方打破服务时间、服务范围和服务内容上的界限，促进管理过程一体化和管理要素一体化。管理过程一体化的实现，又要求打破管理阶段界面，对管理要素一体化的实施起到一定的促进管理作用。全生命周期一体化的实现为参与方一体化管理创造了条件，同时在各个阶段其他参与方通过项目管理组渗透进项目的实施，在这种情况下实现了管理过程一体化。管理要素一体化的实施也会反过来促进过程的一体化。

在三大一体化基础上，运作流程、组织结构和信息平台是实现建筑全生命周期一体化管理模式的三个基本要素。同时，BIM技术协同、信息共享的特点，是建筑全生命周期一体化管理模式下建筑全生命期一体化项目管理的主要技术手段，BIM技术与建筑全生命周期一体化管理模式的结合造就了最佳项目管理模式。

建筑全生命周期一体化管理模式具有以下特点：

（1）强调合作理念。各参与方不把对方视为对手，把工作重点放在如何保证和扩大共同利益。

（2）强调各方提前参与。各参与方均提前参与至项目中，设计阶段向决策阶段渗透，施工阶段向设计阶段渗透，运维阶段向施工阶段渗透。

（3）以项目管理组为主要管理方。承担项目全生命周期目标、费用、进度管理，同时在各阶段沟通各方达到一体化管理目标。

（4）以信息一体化为基础。一体化管理要求各方、各阶段信息透明、共享。各方能以非常小的信息成本获得足够的、透明的所需信息。

4）建筑全生命周期一体化管理平台

BIM凭借其可视化、参数化、信息化、虚拟化、集成化的独特优势，在现代工程领域内迅速引发了一场翻天覆地的革命性变化。工程项目信息量庞大，其所涉及的数据量大、信息种类繁多，各部门交流困难，要实现三大一体化，需要一个统一的平台对这些数据信息进行管理。基于 BIM 搭建建筑全生命周期一体化管理平台，有助于工程项目生成集成数据库，将复杂多变的项目数据统一管理，而 BIM 的诞生以及近几年来的不断发展为问题的解决提供了可能。国内一些软件开发商（如广联达、鲁班等）相继研发 BIM 平台，利用 BIM 平台实现进度模拟、5D 成本分析，随着相关技术的发展，逐渐从阶段、维度、功能、技术、用户等多个层次（图 1-13～图 1-15）上完善全生命周期内 BIM 工程项目协同管理平台的整体架构。

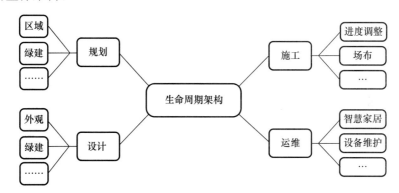

图 1-13　简易工程管理平台的阶段化架构示意图

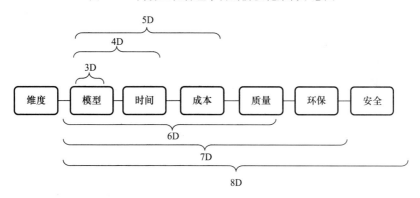

图 1-14　工程项目管理平台的维度架构示意图

数字经济已成为中国经济实现新旧动能转换的巨大推动力之一。发展数字经济是各地方政府抢抓新一轮科技革命和产业变革机遇、推动现代化经济体系建设、引领高质量发展的关键支撑，是加快实现各地"建成支点、走在前列、谱写新篇"进程的战略先手棋。在此背景下，实现建筑产业数字化成为智慧制造的重要手段，基于 BIM 搭建建筑全生命周期一体化管理平台成为了建筑行业中重要的一环。

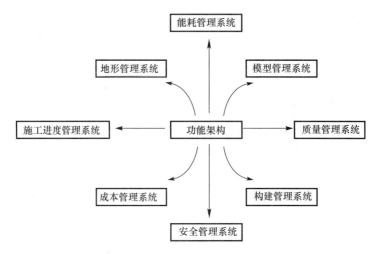

图 1-15　施工管理平台的功能架构示意图

　　为贯彻落实《湖北省国民经济和社会发展第十四个五年规划和二〇三五年远景目标纲要》《湖北省数字经济发展"十四五"规划》大力发展数字经济的部署，促进数字技术与经济社会深度融合发展，2022 年，湖北省有 15 个数字经济项目获得财政资金扶持，其中包括中南建筑设计院申报的湖北省数字经济试点示范项目"建筑工程全生命周期管理 PLM 平台建设项目"。该项目基于高端制造业平台，面向建筑工程跨专业、跨企业、跨地域的全专业、全流程、全要素的数字化协同工作平台。平台采用"云平台-客户端"架构，支持所有用户基于同一模型开展协同工作。平台基于同一数据源，打通专业间、企业间的数据通道，打破数据壁垒，实现"一个模型干到底，一个模型管到底"。平台集成三维设计、数值仿真、虚拟设计与建造等关键技术，实现基于三维模型的项目管理、沟通协调和数据流转。

　　如图 1-16、图 1-17 所示，建设工程全生命周期管理平台是建筑行业数字化转型的一大特征，数字化建筑实现了"三维交付、无图建造、造价精准、缩短工期、提升质量"的效果，实现了碎片化建筑业向一体化制造业的转变。

1.5.3　BIM 与虚拟现实技术（VR/AR/MR）的结合

　　基于 BIM，采用计算机技术为核心的现代高科技手段生成一种虚拟环境，用户借助特殊的输入/输出设备，与虚拟世界中的物体进行自然的交互，从而通过视觉、听觉和触觉等获得与真实世界相同的感受。在 BIM 的基础上，进一步增强了模型使用的灵活性，突破了一些工程项目中的距离和环境限制；增强了可视性，更直观、生动地展示了项目，真正地实现了"所见即所得"；增强了模型的具象性，实现"可动化"。

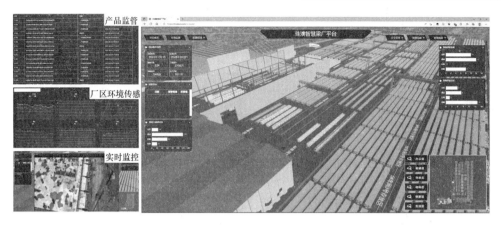

图 1-16　梁场施工生产管理平台示意图

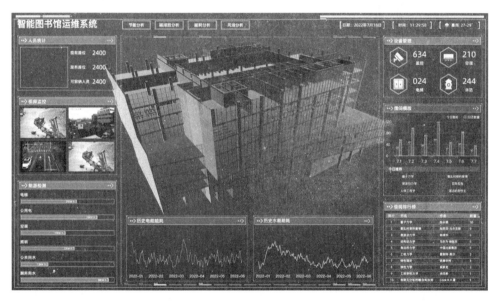

图 1-17　图书馆运维管理平台示意图

（1）虚拟现实技术 VR（Virtual Reality），是一种虚拟与现实的结合技术，因为不是肉眼直接看到的，而是通过计算机技术模拟出来的虚拟物体或场景，故称为虚拟现实，如图 1-18 所示。

（2）增强现实技术 AR（Augmented Reality）是一种将虚拟现实信息与真实物体或场景融合的技术，借助 AR 技术，我们可以看到现实物体或场景内部构件的信息，增强了人们对事物信息的了解，实现了对真实物体或场景的"增强"，故称为增强现实技术，如图 1-19 所示。

（3）混合现实技术 MR（Mixed Reality）是虚拟现实技术的进一步发展，通过混合现实技术，可以在虚拟世界、现实世界和用户之间搭建起一个信息连接，增强用户的真实体验感。

图 1-18　VR 漫游　　　　　　　　图 1-19　AR 技术查看地下通道

随着科技的发展，扩展现实 XR（Extended Reality）概念随之产生，扩展现实是 AR、VR、MR 等多种技术的统称，通过将三者的视觉交互技术相融合，为体验者带来虚拟世界与现实世界之间无缝转换的"沉浸感"。扩展现实一词包括了 VR 虚拟现实、AR 增强现实和 MR 混合现实。

BIM 与以上虚拟现实技术相结合，在 BIM 三维模型的基础上，将虚拟信息与真实世界巧妙融合，加强了 BIM 的可视性、具象性和交互性。利用 BIM＋AR 技术，用户可以在施工之前以真实的比例看到建筑物及其内部详细构造和建成之后的效果。将 BIM 模型加载到移动设备端，利用 AR 技术在规划红线周围进行虚拟漫步，查看是否存在冲突并进行更改，避免发生错误，这使得各参建方能够实时看到任何更改所造成的影响。BIM＋VR/AR 应用于建筑领域是必然趋势，在未来的建筑设计及施工中的应用前景广阔。

BIM 技术与 VR/AR 技术集成作为一门新兴科学技术，涉及的学科和专业众多，其理论研究和技术实践都还处于起步阶段，很多技术手段尚不成熟，存在较多问题，如模型精度受限、目前应用范围和领域较单一和缺乏相应行业标准等。

1.5.4　BIM 与 GIS 的结合

GIS（Geographic Information System）：地理信息系统，也称"地理信息科学"（Geographic Information Science）或"地理信息服务"（Geographic Information Service），是一种特定的十分重要的空间信息系统，亦是一种基于计算机的可以对空间信息进行分析和处理的技术。GIS 是一门综合性学科，结合地理学、地图学、遥感和计算机科学，广泛应用在不同的领域，用于输入、查询、分析和显示地理数据。相较于 BIM 信息，GIS 信息则更"宏观"；相较于 GIS 信息，BIM 信息则更"微观"。如对于一个城市信息系统而言，GIS 里面的信息包括地形、道路、绿植、建筑物等，此时的建筑物可以只是一个外形框架，而没有具体建筑及结构等相关细节信息。BIM 与 GIS 的融合互补将是未来 BIM 与 GIS 技术发展的方向，是社会与科技发展的必然趋势，也是信息化发展的必经之路。未来 GIS 一定会越来越关注细节，而 BIM 也会加强对大数据平台的支撑，可在 BIM 应用中集成 GIS，也可以在 GIS 应用中集成 BIM，或是 BIM 与 GIS 深度集成，以发挥各自优势，拓展应用领域，二者结合甚至可能发展出特殊的信息技术。

1.5.5　BIM 与 IoT 的结合

随着建筑行业规模渐大，需求越来越多，管理日渐复杂，对于现场状况的分析决策越发困难，充满挑战。工程项目的全生命周期是一个动态连续的过程，现场实际情况难以通过基础的模型进行实时预测分析，往往需要实时获取相关信息，例如现场温度、湿度、噪声情况等的获取与分析等。传统方法主要通过人工测量与报表进行数据采集，实时性和预判性较差，很难实现实时采集、感知、监督环境及状态信息监控，而且传统方法效率较低，无法实现数字化处理、决策和输出，大大降低了信息数据的实际利用率，限制了智能化、精细化施工方法的应用。

基于 BIM 的三维几何信息以及材料参数、构建成本、生产情况等非几何数据信息，将其与物联网（IoT）相结合，可以强化基于 BIM 的工程变化感知和处理实施，提高 BIM 模型实际效能的发挥。BIM-IoT 基于 BIM 集成、展示和决策处理各类项目信息，发挥 BIM 信息处理和辅助决策方面的作用，基于 IoT 对底层信息进行感知、采集、监控、回馈和应用实施，发挥 IoT 在前端感知和终端执行方面的优势，如图 1-20 所示。构建全过程"信息流闭环"，形成虚拟信息与实体硬件之间的有机融合，可克服目前 BIM 技术的瓶颈，打通虚拟和现实、数据和实体间的接口，实施数字化的现场操作和管理，最终实现智能化建造。

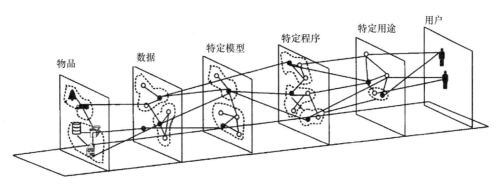

图 1-20　信息追踪示意图

BIM-IoT 的实现主要借助传感器、RFID 和二维码等采集技术，实时获取并汇总施工现场所有人员、材料和机械数据，以实现对底层数据的感知，并通过网络将信息发送到集成数据库中进行储存、展示、分析决策，如图 1-21 所示。5G 技术商用化的推广带来的大带宽、低时延、差异化服务，将全面开启"万物互联"时代，将更多终端设备接入网络并进行共享交互操作，实现智能建造设备全要素连接。基于获取的数据，可以自由地实现各类项目管理决策需求。例如利用云计算、大数据和人工智能等智能计算技术对海量数据进行分析处理，提取有用信息，实现智能决策与控制；对相关无人化建造设备实施实时的现场远程操作控制，完成时间与空间的精确统一，高效、及时、精确地进行现场施工及运维管理。

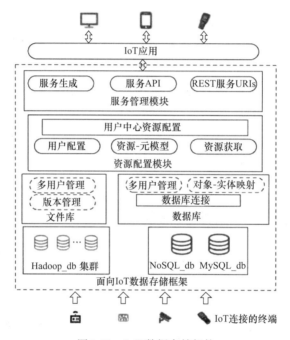

图 1-21　IoT 数据存储架构

目前，IoT 在部分工程项目中已经有了一定程度的应用，各类项目基于自身需求，搭建了不同的项目管理平台，例如水泵站的设备管理平台、高校的实验室管理平台、智慧楼宇的智能物业平台等，将不动产数据化，针对建筑工程的全生命周期活动进行智慧化运维，主要用于对项目施工、运维状态的实时数据获取和三维可视化展示，并基于设备的运行数据对其进行维修管理和风险预警报警，实现系统智能化和精确化控制并降低运营成本。图 1-22 所示为某一数字化运维服务平台系统架构。

5G、人工智能（Artificial Intelligence，AI）、IoT 等新技术日趋成熟，使得 AIoT（AI＋IoT）逐渐兴起，AIoT 融合了 AI 和 IoT 技术，通过物联网产生、收集海量的数据存储于云端、边缘端，再通过大数据分析以及更高形式的人工智能，对项目现场的状况进行实时分析并给出决策。目前，AIoT 主要用于针对现场直观信息的自动化获取和简单分析，例如广联达 AI 技术平台针对施工现场的数据，基于 AIoT 实现计算机自动进行车辆识别、安全帽识别、物料盘点、人员姿态分析和安全监测等。英国 Arup Group 公司打造了智慧建筑数字化平台 Neuron 系统，集成了奥雅纳自行研发的多个人工智能引擎，实现对各类楼宇数据的实时分析、预测以及优化配置，从而实现智能楼宇性能的全面提升。

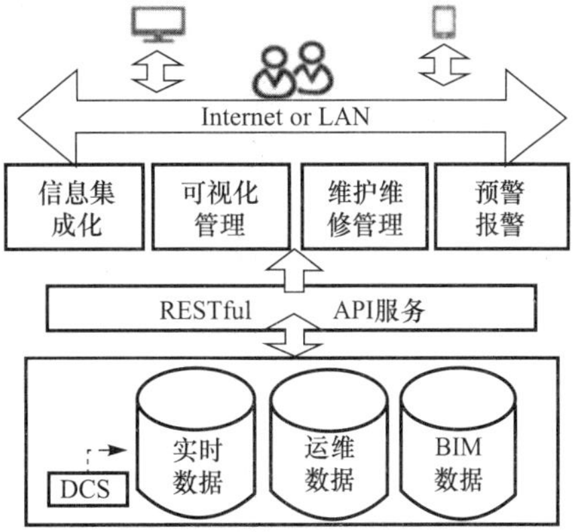

图 1-22 数字化运维服务平台
系统架构示例

1.5.6 从 BIM 到 CIM

2007 年，城市信息模型（City Information Modeling，CIM）首次由 Autodesk 公司提出，而后，国内外相关技术人员与科研人员基于 GIS、BIM 等技术开发 CIM 平台，并逐渐拓展其相关应用。我国住房和城乡建设部于 2018 年，将雄安、北京城市副中心、广州、南京、厦门列入"运用建筑信息模型（BIM）进行工程项目审查审批和城市信息模型（CIM）平台建设"试点城市。

CIM 以城市信息数据为基数，以 BIM、GIS、IoT 等技术为基础，整合城市地上地下、室内室外、历史现状未来多维多尺度信息模型数据和城市感知数据，构建起三维数字空间的城市信息有机综合体，是反映整个区域或者城市规划、建设、发展、运行的数字化信息模型，可用于区域以及城市的规划决策、城市建设、城市管理等工作。CIM 要求对城市各类信息数据的全面感知，利用各类感知设备和智能化系统对城市实时数据进行更新，识别各类数据，分析各方面各部门（如交通、消防、灾害等）的情况，并对感知的数据进行汇总、分析和处理，在海量数据的基础上，基于云端计算，进行数字化、智慧化决策，并将基础数据和决策结果进行共享，实时反馈工作情况。基于此，可满足城市建设的各类需求，例如基础设施（包括道路设施交通、给水排水管网、燃气管网、供热管网、供电系统通信、园林绿化等）的建设，排水、热力、照明、给水、燃气以及通信与电力等基本的市政管线的总体规划等。

2020 年腾讯推出了基于 CityBase 城市数字空间底座，将城市土地、建筑、水体、路桥、管线、管网、管廊等地上地下基础设施和空间资源全面数字化，并以数据空间为载体，连接人与物，打造时空一体的数字孪生城市。鲁班软件针对城市水务、科技园、院校等的不同需求，搭建了一系列 CIM 平台并投入应用。在未来，BIM 规模将逐步扩大，由单一建筑到多建筑群，再到智慧城市，实现智慧化区域化建设。

1.5.7 BIM 与其他信息技术的拓展应用

BIM 与 3D 打印技术的结合快速地将虚拟的三维模型转化为实体，两者结合效果堪称完美。

RFID（Radio Frequency Identification）技术，又称无线射频识别技术，是一种通信技术，可通过无线信号识别特定目标并读写相关数据，而无须在系统与特定目标之间建立机械或光学接触。RFID 通过非接触的方式进行信息读取，不受覆盖的遮挡影响，而且安全、可重复使用。BIM 与 RFID 的结合能够实时跟踪构件或设备使用情况，通过 BIM 提取物资需求计划，与现场物资消耗情况进行对比，能够更为及时、准确地供货，减少工程和施工现场的缓冲库存量。

BIM 可与 3D 激光扫描技术结合应用于文物古迹保护、工程施工、施工质量检测等领域。

2.1 BIM 建模系列软件

BIM 的核心是数字化、信息化，是提供信息的平台，是信息的共享。BIM 不是一个软件的事，也不是一类软件的事，每一类软件的选择也不只是一个产品，常用的 BIM 软件多达几十个。要充分发挥 BIM 价值，为项目创造效益。

在项目开展过程中，会涉及审核软件和方案设计软件、运营管理软件、BIM 核心建模软件、BIM 分析软件、机电分析软件、深化设计软件、可视化软件、可持续分析软件等，如图 2-1 所示。

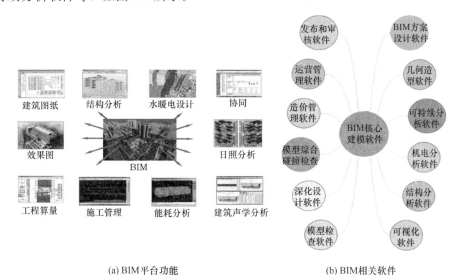

(a) BIM平台功能   (b) BIM相关软件

图 2-1 BIM 功能及不同软件

各个阶段对应的软件名称和主要功能如表 2-1 所示。

软件名称及主要功能 表 2-1

公司	软件	功能	使用阶段
Graphisoft	ArchiCAD	建模、能源分析	设计阶段、施工阶段
Bentley	Bentley Achitecture	设计建模	设计阶段
	Bentley RAM Structural System	结构分析	设计阶段
	Bentley Construction	项目管理、施工计划	施工阶段
	Bentley Map	场地分析	施工阶段
Autodesk	BIM360 Field	施工管理	施工阶段
	Navisworks 系列	模型审阅、施工模拟	设计阶段、施工阶段
	Revit 系列	建筑、结构、设备设计	设计阶段
Tekla	Tekla	结构深化设计	设计阶段
中国建筑科学研究院	PKPM-BIM 系列	建筑、结构、设备及节能设计	设计阶段
鸿业科技	鸿业 BIM 系列	建筑、结构、节能设计以及工程量统计	设计阶段、施工阶段
斯维尔科技	斯维尔系列软件	建筑、结构、节能设计及工程量统计	设计阶段、施工阶段
鲁班插件	鲁班算量系列	自动统计工作量	设计阶段、施工阶段

2.2 Revit 软件安装与介绍

Revit 是 Autodesk 公司开发的一套系列软件。Revit 系列软件是为建筑信息模型（BIM）构建的，可帮助建筑设计师设计、建造和维护质量更好、能效更高的建筑。Revit 是目前建筑业 BIM 体系中使用最广泛的软件之一。

Autodesk Revit 软件主要有三种：

（1）Revit Architecture 侧重于提供更高质量、更加精确的建筑设计。支持可持续设计、碰撞检测、施工规划和建造，同时帮助工程师、承包商与业主更好地沟通协作。设计过程中的所有变更都会在相关设计与文档中自动更新，流程更加协调一致，获得更加可靠的设计文档。

（2）Revit Structure 侧重于结构设计，为结构工程师和设计师提供工具，可以更加精确、高效地设计和建造的建筑。

（3）Revit MEP（Mechanical，Electrical and Plumping）是一套为机电工程师量身定做的机电系统仿真平台，协助机电工程师进行电力系统的设计与分析，侧重于建筑机械与设备管线配置规划，并具有电力负载及空调空间热能分析功能。

2.2.1 安装的软件、硬件环境配置

Revit 安装的操作系统要求：自 Revit2015 起，仅支持 64 位操作系统；视频显示器分辨率最低要求为 1280×1024 真彩色显示器；需要 30GB 可用磁盘空间。CPU 类型支持 SSE2 技术的单核、多核 Intel Xeon、i 系列处理器、AMD 同等级别处理器，建议尽可能使用高主频 CPU。Revit 软件产品将使用多个内核执行多任务，内存需 8GB RAM。需要联网安装，否则会缺少样板与族库。浏览器为 Microsoft Internet Explorer 10（或更高版本）。

在校学生可通过 edu. cn 的邮箱登录或注册一个 Autodesk 账号，每次验证成功可免费使用一年。商业版按年收费，可单独购买 Revit 或 BIM 系列软件包。

2.2.2 Revit 软件界面介绍

在 Revit 启动界面会显示最近打开的项目文件或族文件，如图 2-2 所示。如果最近打开的项目文件或族文件被删除、重命名或移动至其他位置，启动时会自动从最近使用的项目列表中删除该文件。

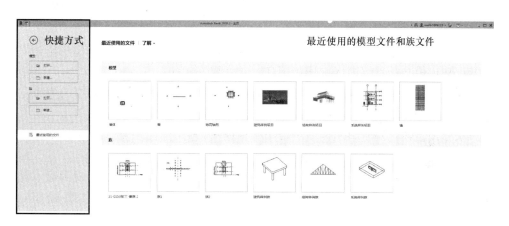

图 2-2　Revit 启动界面

Revit 软件应用界面可简单划分为快速访问工具区、信息中心、功能区、选项栏、属性栏、项目浏览器、视图控制栏和选择控制开关，如图 2-3 所示。

快速访问工具区包括打开模型、保存模型、打印、三维显示功能等，也可通过添加/移除等操作改变快速访问工具区的功能，使其显示操作者最常用的工具。

信息中心：包含搜寻、用户账号信息、通信中心、产品更新与联机帮助功能。

功能区：功能区各模块及其所属的工具是建立项目模型最重要的区块，包含建筑、结构、预制、系统等不同设计模块。

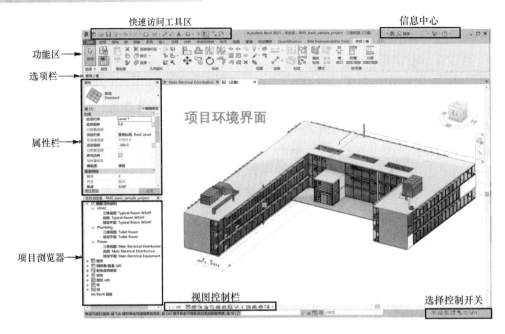

图 2-3　Revit 用户界面

选项栏：根据目前所处的功能区模块显示相关设定选项，如选定建筑墙建立功能，选项栏会显示墙高度、连接层高、定位线等信息。

属性栏：属性面板是无模式对话框，通过属性面板，可以查看和修改用来定义图元属性的参数。

项目浏览器：用于显示当前项目中所有视图、明细表、图纸、组和其他部分的逻辑层次。展开和折叠各分支时，将显示下一层项目。

视图控制栏：可以快速访问影响当前视图的功能，如视图比例、视图显示详细程度、视觉样式、日光路径显示、阴影显示、裁剪视图、临时隐藏/隔离功能等。

选择控制开关：使用该区块内选项选择图元，控制选择图元的方式，包括选择链接、选择底图图元、选择锁定图元、按面选择图元等选项。

2.2.3　Revit 软件常规设置

如图 2-4 所示，文件选项卡上提供了常用文件操作。单击功能区"文件"下拉菜单中的"选项"，进入到选项常规界面，在其中可自定义项目模型的保存提醒时间间隔、"与中心文件同步"提醒时间间隔、用户名设置、日志文件清理相关设置；在用户界面中，可对功能区的模块选项进行选择，快捷键及双击选项自定义。

图 2-4　Revit 软件常规设置选项

2.3　Revit 软件常用术语

2.3.1　项目与项目样板

　　项目是指单个设计信息数据库，文件格式为 .rvt。项目文件包含了某个建筑从几何图形到构造数据的所有信息，是基于 Revit 软件建立模型过程中最重要的数据文件。

　　项目样板是一种提高绘图效率、统一绘图标准、保证出图质量、在项目开始前根据项目特点预制的样板文件，兼具统一性与特殊性。如系统内嵌的建筑样板包含了简单的墙柱梁板结构族、各类门族、窗族、注释族等设置。BIM 设计团队可以根据项目特殊性设计项目样板，项目样板的创建可以使团队的建模工作标准化，提高工作效率。成熟的项目样板和完备的族库是体现一个 BIM 团队核心竞争力的关键所在。

2.3.2　图元

　　Revit 软件中，创建模型通常是通过在设计过程中添加图元来实现的。通过图元所具有的属性参数来控制其外观和行为是 Revit 软件作为参数化设计软件的显著特性。根据图元属性，可将图元做如下分类：

（1）主体图元：墙、楼板、屋顶、天花板、场地、楼梯、坡道等。

（2）构件图元：门、窗、家具、植物等。

（3）注释图元：尺寸标注、文字注释、标记和符号等。

（4）基准面图元：标高、轴网、参照平面等。

（5）视图图元：楼层平面、天花板平面、三维视图、立面图、剖面图等。

2.3.3 族与族样板

族（Family）：组成项目的基本构件，参数信息的载体，文件格式为.rfa。在 Revit 中进行设计时，基本的图形单元被称为图元，如：项目中的柱、梁、文字、尺寸标注等。这些图元都是可以通过"族"来创建，"族"是 Revit 的设计基础。"族"中包括许多可以自由调节的参数，这些参数记录着图元在项目中的尺寸、材质、安装位置等信息，修改这些参数可以改变图元的尺寸、位置等。Revit 软件中的"族"可以分为如下三类：

系统族：在项目中预定义的族，包含了最基本的建筑构件。如墙、楼板、屋顶、天花板等，且只能修改属性，通过复制方式创建新的类型，不能保存成独立族文件，但可以在项目之间复制、粘贴和传递。

可载入族：基于族样板文件创建，可独立保存成族文件（.rfa），使用时，可依据需要进行载入的族，如柱、梁、门窗是最常用的族。

内建族：只能在当前项目中使用的族。基于特定空间在位创建的构件，不需要重复使用的非标构件，此种族只能保存在当前项目中，不能独立存成族文件，也无法用在别的项目文件中。

族样板：定义族的初始状态，可以理解为制作族的工作台，文件格式为.rft。

2.3.4 类别、族与类型之间的关系

类别用于对建筑模型图元的进一步分类，如墙、梁和柱等图元属于不同的类别。同一类别图元下可以有不同的族，如图 2-5 所示，窗类别图元中，可以分为

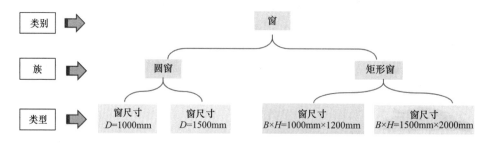

图 2-5 类别、族、类型之间的关系

圆形窗族和矩形窗族，而具有特定尺寸的模型图元族可定义为族的某一个类型。

2.4 Revit 软件常用命令

在 Revit 软件中，复杂建筑模型建立会频繁使用一些常用的模型操作命令，如复制、平移、偏移、镜像等。这些操作命令在"修改"模块下的功能区中，如图 2-6 所示。

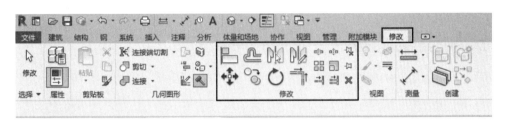

图 2-6　修改模块命令

这些常用的操作都可以使用快捷键操作，以便在建模过程中节约时间，提高效率，常用模型操作快捷键如表 2-2 所示。

常用模型操作快捷键　　　　　　　　　　　　　　　　表 2-2

命令	快捷键	命令	快捷键
对齐	AL	偏移	OF
镜像	MM	移动	MV
复制	CO	锁定/解锁	PI/UP
旋转	RO	延伸/修剪	TR
阵列	AR	标注	DR

除此之外，以下操作在建模过程中也将频繁用到，应熟记其快捷键：

（1）视图可见性（VV）：在视图可见性列表中可根据模型类别、注释类别及导入类别等调整视图可见性，方便模型编辑。

（2）隐藏/显示/隔离图元（HH/HR/HI）：临时隐藏、显示或隔离出某些选定图元的命令，可以方便地对选定图元进行查看、编辑等操作。

（3）窗口平铺（WT）：当同时打开多个窗口时，可通过此命令使多个窗口平铺显示模型内容。

第 3 章

BIM模型创建

3.1 标高与轴网的创建

3.1.1 标高轴网创建原则

标高与轴网的绘制是建筑模型创建的第一步。根据"先建标高后建轴网"的绘制原则,以便在所有标高层都能显示绘制的轴网。否则,如果先建轴网,则在轴网之后建立的标高层将看不到轴网,为建模带来不便。

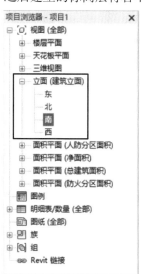

图 3-1 项目浏览器中
选择建筑立面

3.1.2 标高创建

1)标高创建方法

在项目浏览器立面视图中选择东、南、西、北任一立面(图 3-1),点击"建筑→标高"(图 3-2),可直接在软件界面窗口中创建标高。创建方法包括直接绘制、复制面板中已有标高或通过阵列创建标高,创建的标高层号按照创建顺序自动连续标注,如需调整,可手动点击更改。其中直接创建的标高,系统将自动生成相应的楼层平面,而通过复制或阵列创建的标高,楼层平面中未自动生成对应楼层,如图 3-3 所示。点击"视图→平面视图"中楼层平面按钮,在弹出的"新建楼层平面"对话框中选择需要创建的标高楼层,点击"确定"按钮,则所选择的标高楼层将在项目浏览器中的楼层平面中显示(图 3-4)。

图 3-2　标高创建路径

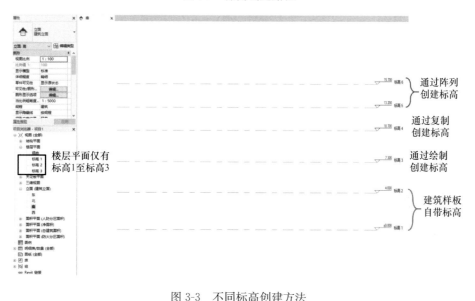

图 3-3　不同标高创建方法

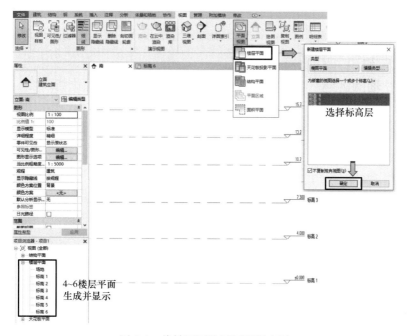

图 3-4　将轴网同步至不同标高层

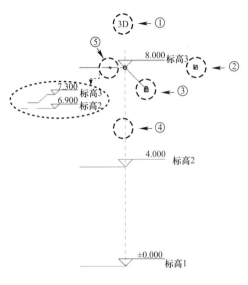

图 3-5　标高标头信息

2）标高信息显示及修改

标高中的层高数值和标头文字可以在界面窗口中直接点击修改。如图 3-5 所示，鼠标点击任一标高，标头中会显示如下信息：

（1）3D/2D 切换按钮"**3D**"，在 3D 按钮下改变某一立面（如南立面）标高显示形式，则在相对应的立面上（北立面），标高显示形式也被修改；在 2D 按钮下改变某一立面（如南立面）标高显示形式，则在相对应的立面上（北立面），标高显示形式将不受影响。

（2）标头显示开关按钮，某一端如不勾选，则界面窗口中标高线的对应一侧标头不显示。

（3）锁定开关按钮，如锁定，则拖拽此层标高时，所有楼层标高将一起被拖拽。如点击"🔒"至开锁状态"🔓"，则可单独拖拽此层标高。

（4）对齐锁定线，当拖拽标高至与其他层标高对齐时，出现对齐锁定线，并自动锁定。

（5）标头位置调整开关，如两层标高距离较近时，点击此按钮可调整标头位置，避免两层标头信息重合。

3.1.3　轴网创建

（1）轴网创建方法：与标高创建方法类似，在项目浏览器中选择任一楼层平面（如标高 1、标高 2、标高 3 等），点击"建筑→轴网"，可直接在模型窗口中创建轴网。创建方法包括直接绘制、复制或通过阵列创建轴网，创建出的轴网会依次按顺序编号。

（2）轴网属性信息：鼠标点击任一轴网线，标头中显示属性信息及修改方式与标高相同。

3.1.4　标高和轴网属性信息

以标高属性信息显示及修改为例，轴网属性信息显示及修改方式相同。如图 3-6 所示，在模型窗口中，鼠标点击选择任一标高或轴网，属性栏将同步显示其族名（如标高）和类型名（正负零标高）。点击属性框中的"编辑类型"按钮，在弹出的"类型属性"对话框中，显示了此类型轴网详细属性信息，在对话框的类型参数中通过下拉列表选择的方式修改标高线线宽、轴线中段是否连续、轴线颜色、线型图案等信息，可通过"勾选"方式决定标高或轴网两端的默认符号是否显示，也可通过对话框中"复制"按钮，复制新的标高线类型，重新命名并编辑属性信息。

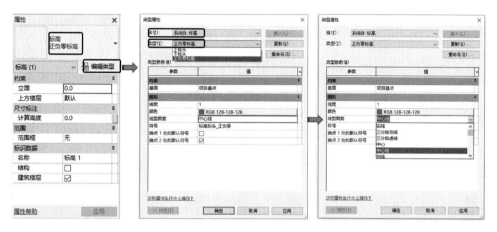

图 3-6　标高类型属性更改

3.1.5　标高轴网创建例题

下面以例题为参考，练习标高轴网的创建过程。

［例］　某建筑共 40 层，其中首层地面标高为＋0.000，首层层高 6.0m，第 2～4 层层高 4.2m，第 5 层及以上层高均为 3.6m。请按要求建立项目标高，并建立每个标高的楼层平面视图，按照图 3-7 中的轴网要求绘制项目轴网。

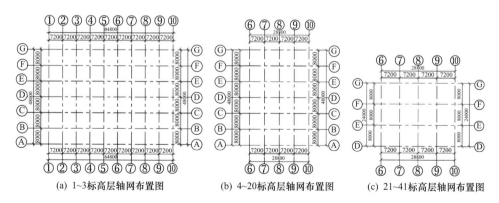

(a) 1~3标高层轴网布置图　　　(b) 4~20标高层轴网布置图　　　(c) 21~41标高层轴网布置图

图 3-7　轴网布置图

步骤 1：打开 Revit 软件，点击新建按钮，选择建筑样板文件创建项目（图 3-8）。系统内建筑样板中已给出两层标高线，修改第 2 层标高至 6.00m。

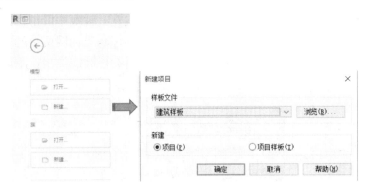

图 3-8 通过建筑样板新建项目

步骤 2：通过阵列的方式创建第 3～5 标高层标高，第 6～41 标高层标高。点击"建筑→标高"，在"修改｜放置标高"功能区中，点击"阵列"（AR）图标"⊞"，选项栏如图 3-9 所示。阵列时可以输入阵列的项目数，在窗口中直接输入两个阵列图元之间的距离（勾选"移动到第二个"选项）或第一个图元和最后一个图元之间的距离（勾选"移动到最后一个"选项）。阵列时，一般不勾选"成组并关联"选项，否则阵列出来的标高不能单独移动；如在"成组并关联"勾选状态下完成了阵列，可选定阵列标高图元，点击"修改｜模型组"中的"解组"解组按钮进行解组（图 3-10）。

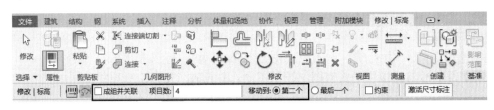

图 3-9 阵列命令选项栏

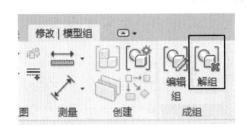

图 3-10 解组命令按钮

步骤 3：将阵列创建的标高层通过"视图→平面视图→楼层平面"，按图 3-4 中的方法，新建标高 3～标高 41 楼层平面，此时"项目浏览器→楼层平面"中将显示全部标高层。

步骤 4：在项目浏览器中选择"标高 1"楼层平面，通过"建筑→轴网"命令，绘制一条竖向轴网，余下②～⑩号轴网可通过依次绘制、复制或阵列创建，系统会依据创建次序从左至右连续编号。

步骤 5：通过"建筑→轴网"命令，绘制一条水平向轴网，此时水平轴网的轴号接着最后一根竖向轴网编号，需手动将数字编号改为字母编号，余下水平轴网可通过依次绘制、复制或阵列创建，系统会依据创建次序从下至上连续编号。至此，标高1～标高3轴网已建立。

步骤6：在"项目浏览器→楼层平面"中双击"标高4"，在视图窗口中将水平轴Ⓐ至水平轴Ⓖ调至"2D"状态，如图3-11所示，将水平轴Ⓐ至水平轴Ⓖ拖拽至题目指定位置，如图3-12所示。

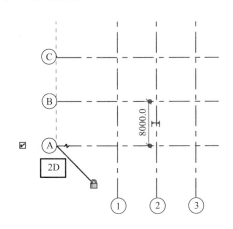

图3-11　将轴网调至2D状态

图3-12　将轴网拖拽至指定位置

步骤7：调整轴网影响范围。选中步骤6中调整位置后的水平轴Ⓐ～Ⓖ，通过"修改→轴网→影响范围"命令，将标高4中调整后的轴网影响范围应用至标高5～标高20，如图3-13所示。

步骤8：将竖向轴网①～⑤在标高4～标高20的窗口显示中隐藏。在"项目浏览器→立面"中打开南（或北）立面视图，将①～⑤号轴网解锁并调至标高4下，如图3-14所示。至此，标高4～标高20轴网已按要求建立。

步骤9：在"项目浏览器→楼层平面"中双击"标高21"，将竖向轴网⑥～⑩在"2D"状态下拖拽至水平轴网Ⓒ的上侧；水平轴网Ⓓ～Ⓖ在"2D"状态下拖拽至竖向轴网⑥的左侧，如图3-15所示。与步骤7相似，通过"修改→轴网→影响范围"命令，将标高21中调整后的轴网影响范围应用至标高22～标高41。

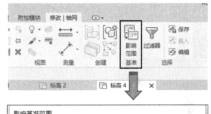

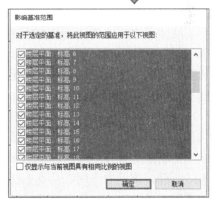

图3-13　调整轴网影响范围

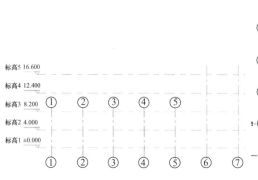

图 3-14　在标高 4～标高 20 内隐藏轴网①～⑤

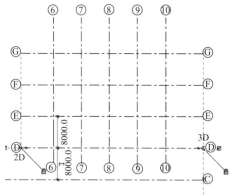

图 3-15　调整轴网⑥～⑩

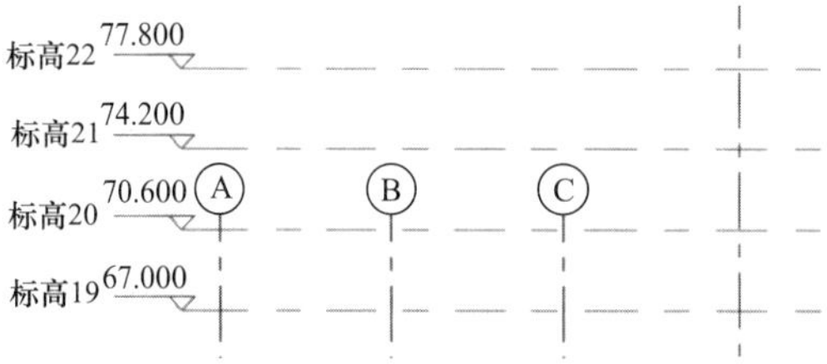

图 3-16　在标高 21～标高 41 内隐藏轴网Ⓐ～Ⓒ

步骤 10：将竖向轴网Ⓐ～Ⓒ在标高 22～标高 41 的窗口显示中隐藏。在"项目浏览器→立面"中打开东（或西）立面视图，将Ⓐ～Ⓒ号轴网解锁并调至标高 21 下，如图 3-16 所示。至此，标高 21～标高 41 轴网已按要求建立。

3.2　墙体创建

3.2.1　墙体简介

墙体是建筑结构中重要的组成部分，主要包括承重墙和非承重墙，起到承重、围护、分隔空间等作用。墙体要具有足够的承载能力和稳定性、必要的保温和隔热功能、符合防火要求、满足隔声要求、满足防火、防水、防潮等要求。依据不同规则，墙体分类如下：

按墙体材料分：钢筋混凝土墙、砖墙、加气混凝土砌块墙、石材墙等；

按墙体位置分：一般分为外墙和内墙；

按墙体受力分：分为承重墙和非承重墙。承重墙直接承受上部墙体、楼板传来的荷载；非承重墙则不承受上部荷载，在建筑内起到隔离或填充的作用，非承重墙需满足隔声、防火等要求，其重量由楼板或梁承受。

3.2.2　Revit 中墙体的创建

1）墙体创建途径

墙属于系统族。系统族包括墙、屋顶、楼板、尺寸标注、轴网、标高等。系统族无法作为单个族文件创建或载入，需通过 Revit 系统软件提供的默认参数定义和区分不同墙体。借助"传递"功能，保证了系统族中的族类型可以在不同的工程项目之中相互传递使用。Revit 软件中提供了三种类型的墙族：叠层墙、基本墙和幕墙。项目中的墙体均通过选择其中一种，编辑样式或参数而建立。

选择"建筑→墙"下拉按钮，单击"建筑"按钮，如图 3-17 所示，此时，系统默认的墙体为 200mm 厚的常规非承重墙体，可直接在属性栏中修改墙体定位线、底部约束标高、顶部约束状态或直接编辑墙体无连接高度等，如图 3-18 所示。

点击基本墙族的下拉菜单，可选择系统中提供的墙体类型，如内部砌块墙、外部带粉刷与砌块复合墙、常规砌体墙等，如图 3-19 所示。也可以通过点击属性栏中的"编辑类型"按钮，在弹

图 3-17 墙体构件创建命令

图 3-18 墙体实例属性编辑框

图 3-19 墙体类型选择

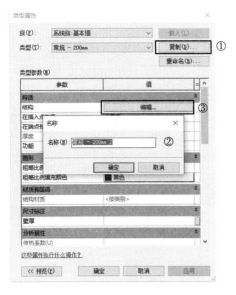

图 3-20 通过复制创建新墙体类型

出的对话框中，点击"复制"，通过复制当前墙体→命名新墙体→编辑新墙体结构的方式创建新的墙体，如图 3-20 所示。

2）墙体结构定义

图 3-20 中墙体"类型属性"对话框中包含了墙体构造参数（结构、是否包络、厚度及功能属性）、图形参数（填充样式和颜色）、材质和装饰、尺寸标注、分析属性及标识数据等。其中，构造参数中墙体结构参数的编辑对墙体的创建至关重要。点击"类型属性"对话框中墙体结构编辑（图 3-20 中③）弹出的"编辑部件"对话框如图 3-21 所示。"编辑部件"对话框中包含了墙体功能、材质、厚度及是否包络等，墙体功能通过设置不同的层实现，如结构层、涂膜层、保温/隔热层等，根据层的功能设置相应的材质及厚度。核心边界以外的构造层都可以选择是否包络。所谓包络是指墙的非核心构造层在墙洞口处的处理方法。

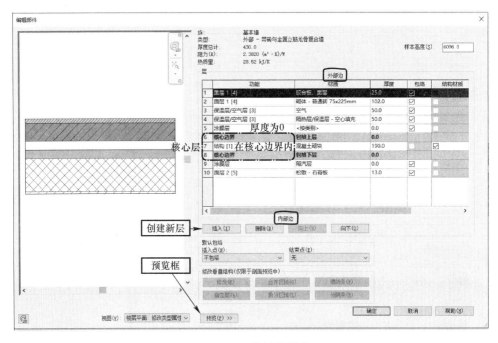

图 3-21 墙体结构创建

（1）结构：结构层是墙体的核心层，支撑其余墙、楼板或屋顶传递的荷载。结构层需设置在核心边界内部，核心边界界定了墙体的核心结构层与非核心结构层。

（2）衬底：一般与墙面结合，作为其他材质基础的材质，如石膏衬底或水泥砂浆衬底。

（3）保温层/空气层：隔绝并防止空气渗透。

（4）涂膜层：通常用于防止水蒸气渗透的薄膜。涂膜层的厚度应为零。

（5）面层1：面层1通常是外层。

（6）面层2：面层2通常是内层。

在通过"插入"添加不同层时要遵循以下规则：方括号中的数字越小，层的优先级越高，位置上应越靠近核心层。当两面墙连接时，核心边界内的层优先连接。

对话框中的"外部边"和"内部边"指墙体的外立面和内立面，墙体内外立面由于功能需求不同，所以材质、做法不同，如图3-22中墙体的外立面是胶合板饰面，而墙体的内立面是松散石膏板立面。在墙体绘制时，要按"顺时针"法则绘制，这样在起点至终点连线的左侧立面为墙体的"外部边"，右侧立面为墙体的"内部边"，由此绘制的不同部位的墙体内外立面做法一致，不会造成混乱。如图3-22所示，①～③号墙按顺时针绘制，墙体的内外部边的朝向是正确的，所以墙体的内外立面做法是一致的；④号墙采用了逆时针绘制，因此④号墙的内外部边朝向与①～③号墙相反，此时，可点选墙体，通过墙侧的双向箭头反转墙体内外部边方向。

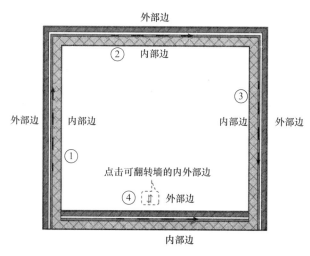

图 3-22 墙体绘制方法

3）墙体绘制

如图3-23所示，在墙体的绘制中，可在"修改|放置 墙"选项栏中确定墙体

绘制的主要信息，包括绘制墙的高度、连接到的标高层数、墙体绘制定位线、偏移距离等。

图 3-23　墙体绘制信息

（1）选项"高度"表示从当前视图向上延伸墙体；"深度"表示从当前视图向下延伸墙体。

（2）"未连接"下拉列表框中列出了各个标高楼层，选择某一标高，则表示拟建墙体将从当前视图延伸至所选标高层。若选择"未连接"，则选框中数值"8000"表示该墙体的底部到顶部的高度为 8000mm。

（3）选中"链"复选框，表示可以连续绘制墙体。

（4）"偏移量"表示绘制墙体时，墙体定位线距离捕捉点的偏移距离。

（5）"半径"选项指绘制弧形或圆形墙体时设置的半径数值。

（6）"定位线"可选择核心层中心线、面层面：外部、面层面：内部、核心面：外部及核心面：内部。在 Revit 中墙体的层次根据功能需求可分为核心层、涂膜层、保温层、面层等，各层厚度和材质可根据设计定义。核心层是指墙体的主承重结构，其位于核心边界中心。定位线的选择与墙体绘制时的位置关系如图 3-24 所示。

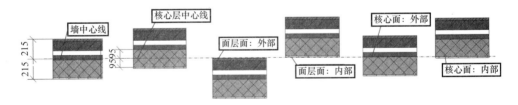

图 3-24　墙体定位线选择

3.2.3　墙体创建习题

以下面例题为参考，练习多层墙体的创建过程。

［例］　根据图 3-25 和图 3-26 中的建筑平面图和墙体局部详图，以标高 1 到标高 2 距离为墙高，建立建筑模型中的墙体模型（可先忽略门、窗）。

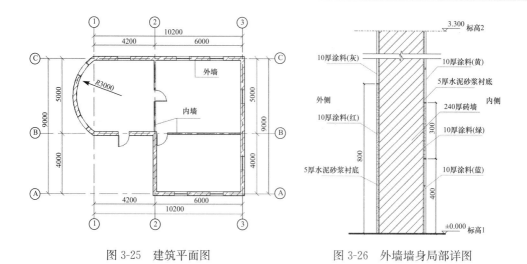

图 3-25 建筑平面图　　　　　　　　图 3-26 外墙墙身局部详图

　　步骤 1：创建轴网标高。根据 3.1 节内容创建例题中的轴网标高，在项目浏览器中选择"标高 1"楼层平面，单击"建筑→墙"下拉按钮，单击"墙：建筑"，系统默认的墙体为 200mm 厚的常规非承重墙体，点击属性栏中的"编辑类型"按钮，在弹出的对话框中，点击"复制"，复制并重新命名新的墙体，如图 3-27 所示。同时将视图调至"剖面：修改类型属性"，方便接下来的墙体内、外层拆分区域操作。

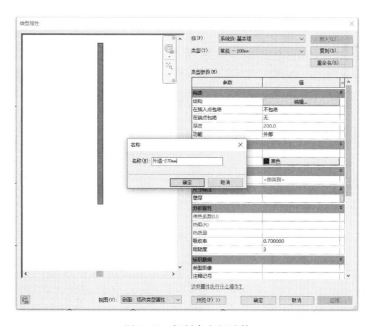

图 3-27 复制命名新墙体

步骤2：编辑墙体结构层。在"类型属性"对话框中点击"构造|结构"中的"编辑"按钮，在弹出的编辑部件对话框中，根据题目要求创建墙体结构各层厚度及材质，通过直接搜索或新建材质定义墙体结构各层材质，通过外观按钮为不同材质指定外观形式。墙体核心砖结构层和外部水泥砂浆层定义如图3-28～图3-30所示。通过复制系统内部"涂料-黄色"并重新命名建立"涂料-红色"及"涂料-灰色"等不同颜色涂料，如图3-28所示。

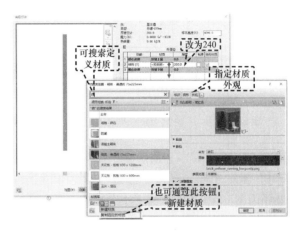

图 3-28　定义墙体砖结构材质

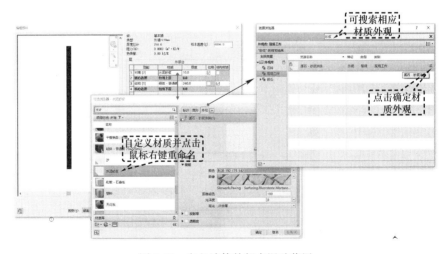

图 3-29　定义墙体外部水泥砂浆层

步骤3：拆分墙体涂料层。墙体最外侧由红色涂料和灰色涂料拼接而成，红色涂料高800mm。由于两种颜色涂料位于同一层，因此在创建的时候需要先指定一种颜色涂料厚度，点击"编辑部件"对话框中的"修改垂直结构|拆分区域"按钮，将最外层涂料分为上下两段（或多段），点击"修改垂直

结构|修改"可修改调整拆分线位置。通过"修改垂直结构|指定层"按钮指定相应位置的涂料颜色。如图 3-31 所示，选定红色涂料，点击"修改垂直结构|拆分区域"，将鼠标移至外层在 800mm 高度处点击拆分图层。通过"修改垂直结构|指定层"将拆分后的相应区域根据习题指定为相应的颜色，如图 3-32 所示。

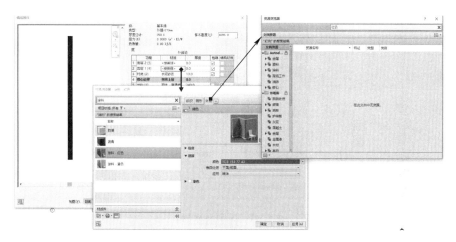

图 3-30　定义墙体外部涂料层

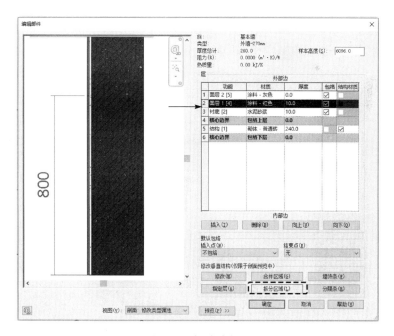

图 3-31　拆分涂料层

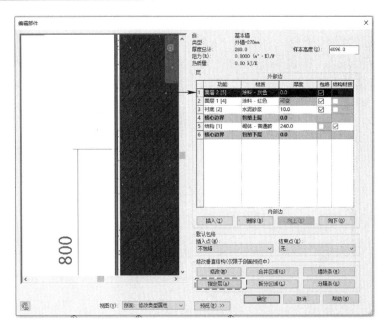

图 3-32　指定图层颜色

重复步骤 2～步骤 4 完成内侧墙体水泥砂浆层和涂料层的建立，如图 3-33 所示。

内墙建立：略。

最终建成的三维图如图 3-34 所示。

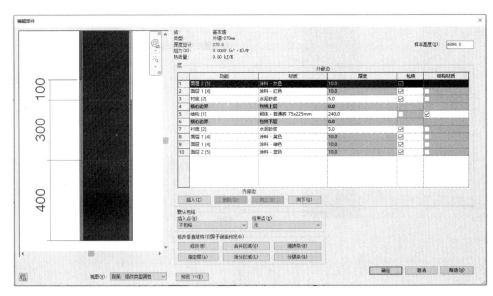

图 3-33　墙体结构创建完毕

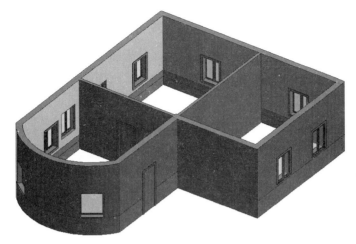

图 3-34　三维实体图

3.3　门窗的创建

3.3.1　门窗简介

门指建筑物的出入口或安装在出入口能开关的装置，门是分割有限空间的一种实体，门在连接和关闭两个或多个空间的出入口的同时，还具有通行、疏散、维护、采光、通风、防盗、防火等作用。按照门的应用场景及作用可以选择不同材质的门，如钢门、铝合金门、玻璃门及木门等；按照开启方式可划分为平开门、推拉门、弹簧门、旋转门和卷帘门等。

窗是建筑构造物之一，窗有采光、通风、调节温度、观察、传递、围护、装饰等作用，可分为平开窗、推拉窗和百叶窗等。窗扇的开启形式应方便使用、安全、易于清洁。高层建筑宜采用推拉窗和内开窗，当采用外开窗时应有牢固窗扇的措施。一般住宅建筑中，窗的高度为 1.5m，加上窗台高 0.9m，则窗顶距楼面 2.4m，还留有 0.4m 的结构高度。在公共建筑中，窗台高度可为 1.0～1.8m 不等，开向公共走道的窗扇，其底面高度不应低于 2.0m，窗台低于 0.8m 时，应采取保护措施。窗的高度则根据采光、通风、空间形象等要求来决定，但要注意过高窗户的刚度问题。窗宽一般由 0.6m 开始，宽到构成"带窗"，但要注意采用通宽的带窗时的隔声问题以及推拉窗扇的滑动范围问题，也要注意全开间的窗宽会造成横墙面上的眩光，对教室、展览室都是不合适的。

门窗是建筑结构中重要和必不可少的构件，他们依附在墙体上，因此在创建门窗构件之前，需先创建墙体。建筑模型中，一旦墙体被删除，墙上的门窗也将被删除。

3.3.2　项目中门窗的创建方法（以窗为例）

选择"建筑→窗"，此时，可直接在属性栏中的下拉列表①中选择窗的样式（如双扇平开或固定）和窗的尺寸，亦可通过"编辑类型"按钮②进入"类型属性"对话框编辑窗的尺寸和材质，如图 3-35 所示；如无适合样式及尺寸，则可通过"类型属性"对话框中的"载入"按钮③载入系统内部的其他窗族。

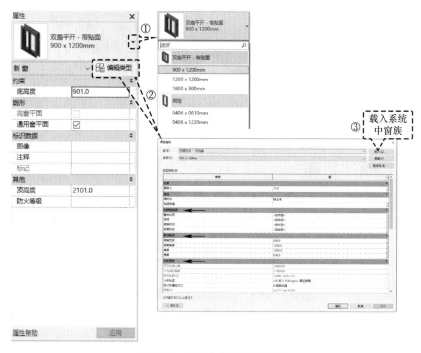

图 3-35　项目中门窗创建选择

选好门窗的样式及尺寸，在已有墙上任意位置直接放置门窗即可，门窗的位置可根据设计需求在窗口直接调整，门的开启方向和位置也可以在窗口中直接调整，如图 3-36 所示。

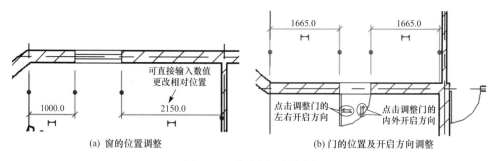

(a) 窗的位置调整　　　　　　　　(b) 门的位置及开启方向调整

图 3-36　项目中门窗绘制

3.3.3 门窗族创建及导入 （以窗族为例）

门窗族属于可载入族。可载入族是可以随时载入到项目中的族，该族可以是可以独立保存为.rfa格式的族文件。同时在Revit系统软件中有族样板文件可供使用，允许设计师进行任意形式的族定义。在Revit中门、窗、结构柱、室内装饰构件等均为可载入族。Revit中，可通过族模板建立门窗族。在Revit打开界面中，点击"族|新建"选择"公制窗"或"基于墙的公制常规模型"族样板创建门窗族。

门、窗族的创建思路和方法类似。本节将以下面例题中窗族创建为例，练习基于族模板创建窗族的方法。

[例] 参考图3-37，请用基于"墙的公制常规模型"族模板，创建符合下列图纸要求的窗族，各尺寸（窗宽、窗高、窗框宽、窗框厚、窗扇宽、窗扇厚、玻璃厚等）通过参数控制。该窗窗框断面尺寸为60mm×60mm，窗扇边框断面尺寸为40mm×40mm，玻璃厚度为6mm，墙、窗框、窗扇边框、玻璃全部中心对齐，并创建窗的平、立面表达。以"班级-学号名字-双扇窗.rfa"（2201-49张三-双扇窗.rfa）为文件名保存模型文件，并正确载入到既有项目中。

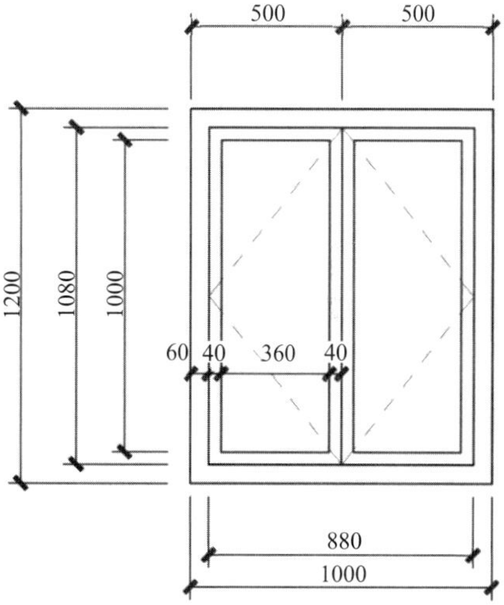

图 3-37 窗族例题平面图

1）窗族创建

步骤1：打开族样板。如图3-38所示，点击"文件→新建→族"，在打开的窗口中，向下浏览找到并打开"基于墙的公制常规模型"样板。样板中，只给了一面墙，任何基于墙的构件族都可以在这个样板中创建，此题要求创建的是窗族。

图 3-38 打开族样板

步骤 2：墙上开洞。要"基于墙的公制常规模型"样板建立窗族，首先要在墙上开洞。有的模板（如"公制窗"样板）墙上已开好洞口，就可以略去这步。在项目浏览器中将样板视图调到"立面→放置边视图"（图 3-39），绘制参照平面、定义窗洞口参数、开洞。

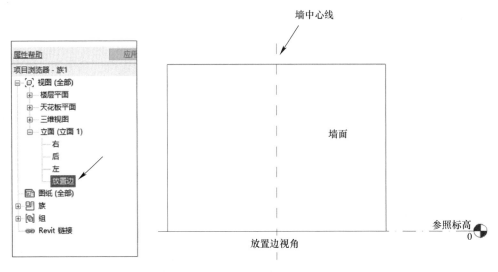

图 3-39　放置边视图

这一步开始，需开始频繁地使用"参照平面（RP）"这个命令，通过"参照平面（RP）"可为族中部件的创建准确定位。另外，在族的创建过程中，需要通过对参照平面进行参数的尺寸约束，实现族的参数化建模。

（1）绘制洞口参照平面：点击"新建→参照平面"，在窗口中绘制参照平面，如图 3-40 所示。

（2）标注窗洞口尺寸：点击"修改→对齐标注尺寸（DI）"，在窗口中分别标注窗底高、窗洞高及窗洞宽等参数尺寸，为使左右两侧窗扇关于洞口中心对称，需连续标注"参照平面 A—中心线—参照平面 B"之间的距离，点击"EQ"标识，使参照平面 A、B 关于中心平面对称，如图 3-41 所示。

（3）定义并校验窗洞口参数：如图 3-42 所示，①选择需定义的参数变量；②点击"修改|尺寸标注"中的"创建参数" 按钮，打开"参数属性"对话框；③输入参数名称并确认参数分组方式；④点击"确定"按钮，完成一个参数变量的定义；⑤点击"修改"中的"族类型"按钮 ，检查是否已成功定义"窗洞高"参数；⑥可根据例题要求更改其尺寸为 1200mm，此时可见窗口中窗洞高尺寸已成功更改为 1200mm，可见"窗洞高"族参数创建成功。

重复过程①～⑥，定义"窗洞宽"和"窗底高"族参数。

参照平面按钮，点击
后直接在窗口绘制

中心
A　参照平面　B

A、B、C、D四个参照平面
(绘制时位置随意，保证A、B位于墙中心线两侧)

图 3-40　洞口参照平面绘制

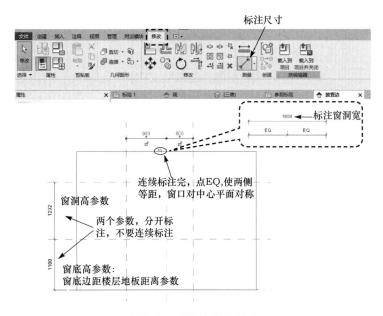

标注尺寸

标注窗洞宽

连续标注完，点EQ，使两侧
等距，窗口对中心平面对称

窗洞高参数

两个参数，分开标
注，不要连续标注

窗底高参数：
窗底边距楼层地板距离参数

图 3-41　标注窗洞口尺寸

（4）创建洞口：创建过程参照图 3-43 中的①～④。点击"创建→洞口"按
钮▢，选择矩形洞口绘制方法，在窗口界面中以参照平面 A、B、C 和 D 的定位
线为洞口的四个边绘制洞口，并将洞口的四条边与相应参照平面锁定，然后窗洞

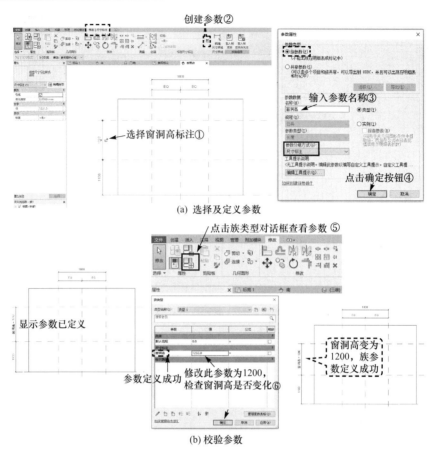

图 3-42　族参数定义及校验

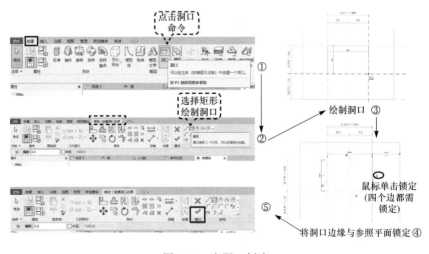

图 3-43　窗洞口创建

口的尺寸才能通过上述定义的"窗洞宽""窗底高"和"窗洞高"等族参数控制，绘制完毕点击"✔"完成编辑模式，洞口创建完毕，洞口尺寸可通过参数控制，如图 3-44 所示。

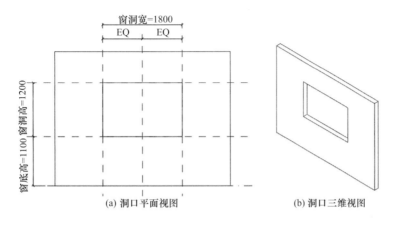

(a) 洞口平面视图   (b) 洞口三维视图

图 3-44 窗洞创建完成

步骤 3：创建窗框。

（1）创建窗框参照平面及标注窗框厚度参数。窗框包含内外侧边，其中外侧边的参照平面与洞口的参照平面重合。需绘制窗框内侧边对应的参照平面。通过"新建→参照平面"绘制窗框的内侧参照平面如图 3-45 所示，图中所标注的四个厚度值为窗框四个边内外参照平面之间的厚度值。

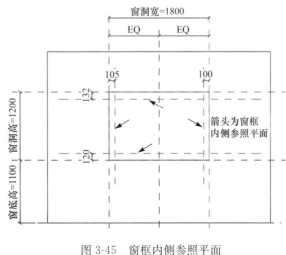

图 3-45 窗框内侧参照平面

（2）定义窗框厚族参数。此步循环"步骤 2（4）"中的操作流程。按住

"Ctrl"键，鼠标依次点选四个厚度标注参数，点击"创建参数" 📄 按钮，打开"参数属性"对话框；输入参数名称并确认参数分组方式；点击"确定"按钮，完成一个参数变量的定义。此时窗口中显示参数已定义，且数值相等。与洞口参数定义相同，可通过"族类型"按钮 📑，检查校验已定义的族参数，同时可将窗框厚度更改为题目中要求的厚度 60mm，如图 3-46 所示。

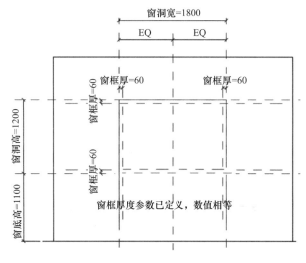

图 3-46　窗框厚度参数定义

（3）创建窗框。按照图 3-47 中步骤①～④创建窗框。点击"创建→拉伸"按钮，在"修改|创建拉伸"下选择矩形方式拉伸窗框内外边界线，并将拉伸的内外窗框线与相应的参照平面锁定，击 "✔" 完成编辑模式。

修改窗框沿墙厚度方向的尺寸。如图 3-48 所示，选中窗框，在属性栏中将"约束"中拉伸的终点和起点分别改为"30"和"－30"，则窗框在墙厚度方向沿着墙中心线对称，且厚度为 60mm。将视图切换到"楼层平面|参照标高"视图，标注窗框在沿墙厚度方向上的尺寸，并将厚度方向的厚度参数指定为"窗框厚"族参数（图 3-49）。

窗框三维示意图如图 3-50 所示。

步骤 4：创建左右两侧窗扇。

（1）创建窗扇参照平面并标注窗扇厚度参数。同窗框创建流程，窗扇的外侧边的参照平面与窗框的内侧边参照平面及墙体的中心参照平面重合，需绘制左右两侧窗扇的内侧边对应的参照平面。通过"新建→参照平面"绘制窗扇的内侧参照平面如图 3-51 所示，图中所标注的 6 个厚度值为左右两侧窗扇的内外参照平面之间的厚度值。

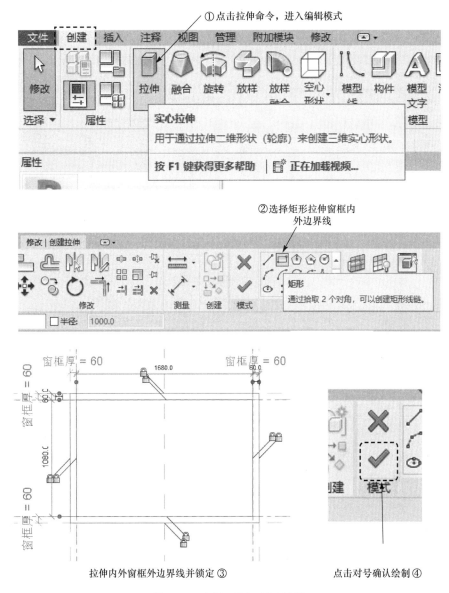

图 3-47　窗框（扇）创建过程

（2）定义窗扇厚族参数。此步循环"步骤 2（4）"中的操作流程。按住"Ctrl"键，鼠标依次点选 6 个厚度标注参数，点击"创建参数"![按钮]按钮，打开"参数属性"对话框；输入参数名称并确认参数分组方式；点击"确定"按钮，完成一个参数变量的定义。此时窗口中显示参数已定义，且数值相等。与洞口参数定义相同，可通过"族类型"按钮![图标]，检查校验已定义的族参数，同时可将窗框厚度更改为例题中要求的厚度 40mm，如图 3-52 所示。

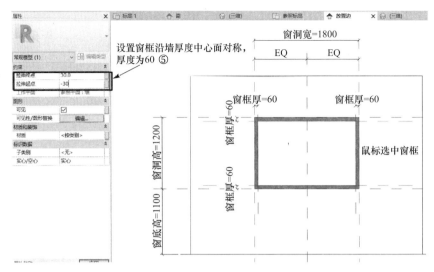

图 3-48　窗框厚度参数定义

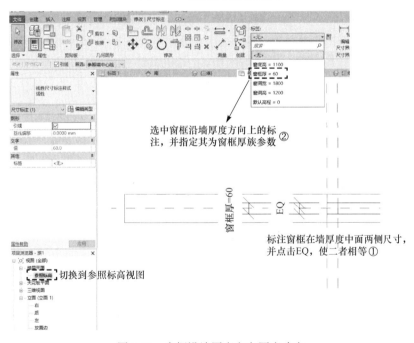

图 3-49　窗框沿墙厚度方向厚度确定

（3）创建窗扇。左、右两个窗扇分别创建。按照图 3-47 中步骤①～④创建窗扇。点击"创建→拉伸"按钮，在"修改|创建拉伸"下选择矩形方式拉伸窗框内外边界线，并将拉伸的内外窗框线与相应的参照平面锁定，击"✔"完成编辑模式。

修改窗扇沿墙厚度方向的尺寸。如图 3-53 所示，选中窗扇，在属性栏中将

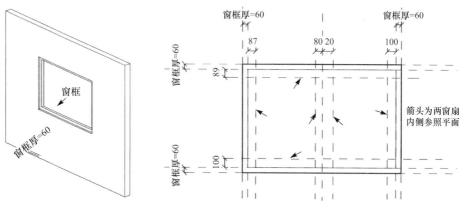

图 3-50　窗框三维示意图　　　　图 3-51　窗扇内侧参照平面

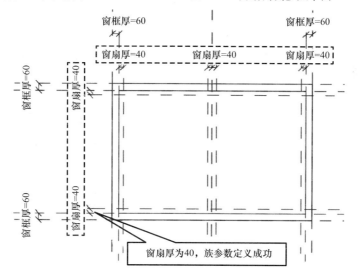

图 3-52　窗框厚度参数定义

"约束"中拉伸的终点和起点分别改为"20"和"－20",则窗扇在墙厚度方向沿着墙中心线对称,且厚度为 40mm。将视图切换到"楼层平面|参照标高"视图,标注窗扇在沿墙厚度方向上的尺寸,并将厚度方向的厚度参数指定为"窗扇厚"族参数,如图 3-54 所示。

窗户三维示意图如图 3-55 所示。

步骤 5:创建玻璃。玻璃的边界线即是窗扇内边界线,已经存在,所以无需再创建参照平面,只需沿着窗扇内侧参照平面直接拉伸创建玻璃即可。按照图 3-47中步骤①～④创建玻璃。点击"创建→拉伸"按钮,在"修改|创建拉伸"下选择矩形方式沿窗扇内侧参照平面拉伸创建玻璃,并将拉伸的玻璃边线与相应的参照平面锁定,击"✔"完成编辑模式。

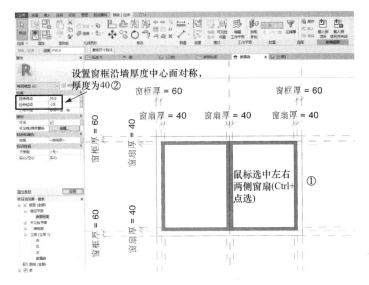

图 3-53　窗扇厚度参数定义

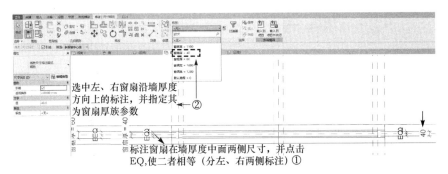

图 3-54　窗扇沿墙厚度方向厚度参数指定

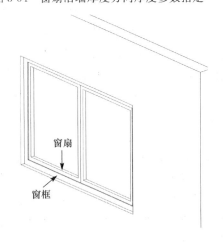

图 3-55　窗户三维示意图

指定玻璃沿墙厚度方向的尺寸。如图 3-56 所示，选中左右两侧玻璃，在属性栏中将"约束"中拉伸的终点和起点分别改为"3"和"－3"，则玻璃在墙厚度方向沿着墙中心线对称，且厚度为 6mm。将视图切换到"楼层平面｜参照标高"视图，标注玻璃在沿墙厚度方向上的尺寸，并将玻璃厚度参数定义为"玻璃厚"族参数，如图 3-57 所示。

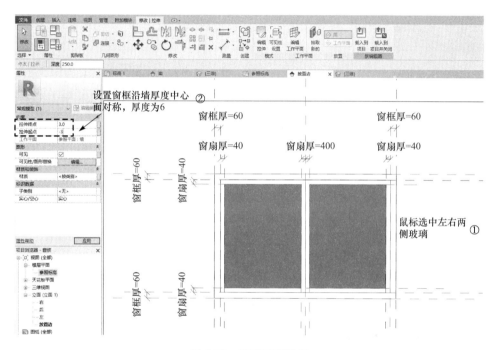

图 3-56　玻璃厚度指定

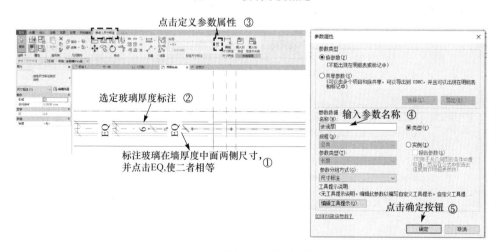

图 3-57　"玻璃厚"族参数定义

步骤6：构件材质参数创建。以玻璃材质族参数定义为例。

（1）按图3-58中的步骤①～④创建玻璃材质族参数：鼠标点击选择玻璃，点击"属性|材质和装饰"栏中的按钮，打开"关联族参数"对话框，定义"玻璃材质"族参数。

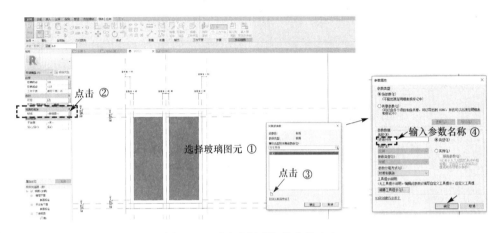

图3-58　"玻璃材质"族参数定义

（2）按图3-59中的步骤⑤～⑨指定玻璃材质。点击"族类型"按钮，打开族类型对话框，找的新定义的"玻璃材质"族参数，点击按钮打开材质浏览器对话框，将项目材质选定为"玻璃"，在右侧"外观"栏，点击资源浏览器按钮选择玻璃颜色，并在"图形"栏勾选"使用渲染外观"。

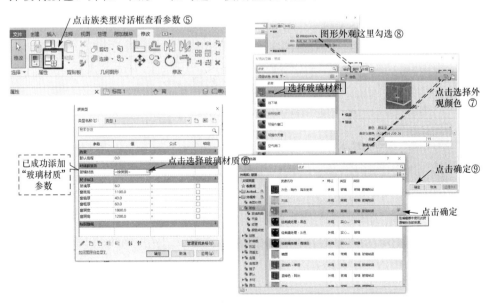

图3-59　玻璃材质指定步骤

（3）按照图 3-58 中的步骤①～④，分别定义窗框和窗扇的材质族参数，并按图 3-59 中的步骤⑤～⑨指定窗框和窗扇的材质分别为"樱桃木"和"橡木"。定义后的材质显示如图 3-60 所示。

图 3-60　窗族材质定义及查看

步骤 7：创建窗的平、立面表达。

（1）窗族立面表达：点击"注释→符号线" 按钮，在"修改|放置符号线→子类别"的下拉菜单中选择"隐藏线 [投影]"，符号线绘制过程及窗族立面表达如图 3-61 所示。

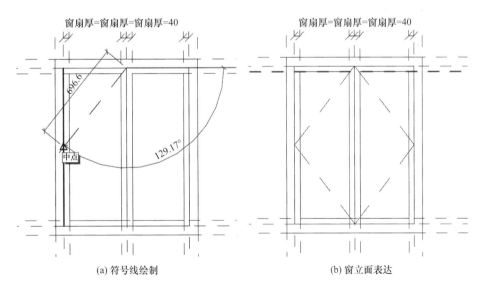

(a) 符号线绘制　　　　　　　　　　(b) 窗立面表达

图 3-61　窗族立面表达创建

（2）窗族平面表达：要创建窗族的平面表达，需先将"楼层平面|参照标高"

视图中的玻璃、窗扇和窗框等图元调至不可见，具体做法为：①框选窗口中的窗族图元，②点击"过滤器"按钮，③在弹出的对话框中只勾选"常规模型"，如图 3-62 所示；在"属性|图形"中的"可见性/图形替换"栏，点击"编辑"按钮④，在弹出的"族图元可见性设置"对话框中，取消"平面/大花板平面视图"的勾选⑤，点击确定，如图 3-63 所示。

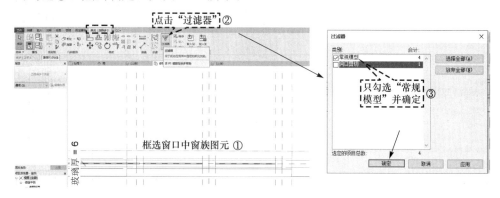

图 3-62　窗族图元选择

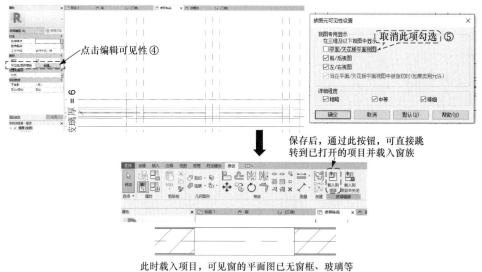

图 3-63　窗族图元可见性设置

此时，通过"载入到项目按钮"可将窗族载入项目，窗族的平面视图如图 3-63 所示，可见窗的平面图已无窗框、玻璃等图元，但缺少平开窗平面表达的中间两条实线。

点击"注释→符号线" 按钮，在"修改|放置符号线→子类别"的下拉菜单中选择"常规模型［投影］"，在窗口的参照标高视图窗口中绘制两条实线符号

线，并通过"标注尺寸"命令标注两条线之间及两条线距墙洞口边缘的距离，并按"EQ"，使两条线之间及两条线与洞口边缘距离相等，此时再将窗族载入到项目中，窗族的平面表达已创建完成，如图3-64所示。

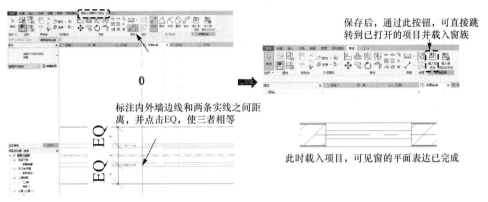

图 3-64 窗族平面表达创建

2）新建窗族载入

方法1：作为构件族导入。因为此题中的窗族是"基于墙的公制常规模型"样板创建的，系统默认其是基于墙创建的一个构件，因此，可通过如下步骤载入新建立的窗族：

如图3-65所示，打开创建的模型文件，并确定已有建立的墙体，点击"建筑→构件→放置构件"①，在"属性"框中，点击"编辑类型"，在"类型属性"框中点击"载入"②，找到并载入已建立的窗族，便可在项目中的墙体中放置窗。

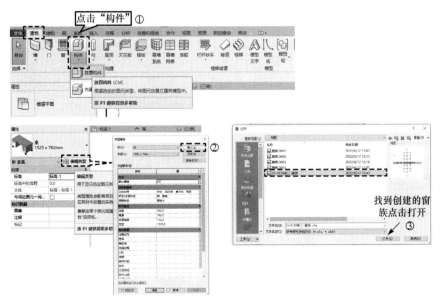

图 3-65 窗族载入方法

方法 2：先将"基于墙的公制常规模型"样板创建的窗族类别设置为"窗"，如图 3-66 所示，此步骤也可在建族之前完成。此时，由于族类别发生了改变，需重新设置窗口图元可见性，使得新建族作为"窗族"在项目中插入时，获得准确的窗族平面表达。如图 3-67，框选窗口中窗族图元，点击"过滤器"，在弹出的过滤器对话框中只勾选"窗"选项，在"属性|图形"中的"可见性/图形替换"栏点击"编辑"按钮④，在弹出的"族图元可见性设置"对话框中取消"平面/天花板平面视图"的勾选⑤，点击确定。

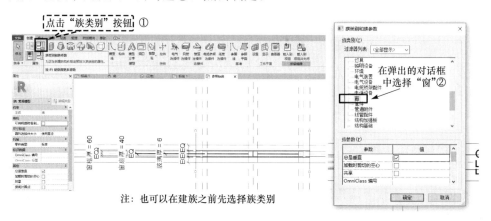

注：也可以在建族之前先选择族类别

图 3-66　族类别更改

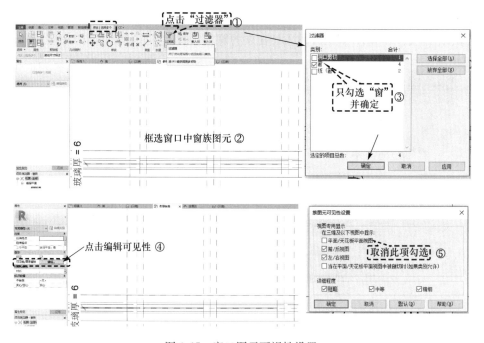

图 3-67　窗口图元可视性设置

打开已建项目，点击建筑→窗①，在"属性"框中，点击"编辑类型"，在"类型属性"框中点击"载入"②，找到并载入已建立的窗族，便可在项目中的墙体中放置窗，如图 3-68 所示。

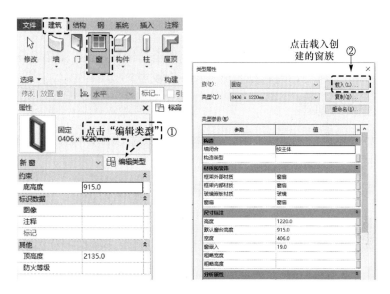

图 3-68　窗族载入

3.4　屋顶的创建

3.4.1　屋顶简介

屋顶是建筑顶部的承重和围护构件，一般由屋面、保温（隔热）层和承重结构三部分组成。屋顶又被称为建筑的"第五立面"，对建筑的形体和立面形象具有较大的影响，屋顶的形式将直接影响建筑物的整体形象。

屋顶按排水坡度大小及建筑造型要求可分为：

（1）坡屋顶

传统坡屋顶多采用在木屋架或钢木屋架、木檩条、木屋面板上加铺各种瓦屋面等传统做法；而现代坡屋顶则多改为钢筋混凝土屋面桁架（或屋面梁）及屋面板再加防水屋面等做法。

坡屋顶一般坡度都较大，如高跨比为 1/6~1/4，不论是双坡还是四坡，排水都较通畅，下设吊顶。保温隔热效果都较好。

（2）平屋顶

平屋顶则坡度很小，高跨比小于 1/10，屋面基本平整，可上人活动，有的可作为屋顶花园，甚至作为直升机停机坪。平屋顶由承重结构、功能层及屋面三部分构成，承重结构多为钢筋混凝土梁（或桁架）及板，功能层除防水功能由屋面解决外，其他层则根据所在地区要求设置。如寒冷地区应加设保温层，炎热地区则加隔热层。

（3）其他屋顶（如悬索、薄壳、拱、折板屋面等）

现代一些大跨度建筑如体育馆多采用金属板为屋顶材料，如彩色压型钢板或轻质高强、保温防水好的超轻型隔热复合夹心板等。

3.4.2　屋顶的创建

Revit 中主要提供 3 种屋顶的创建方式：迹线屋顶、拉伸屋顶、面屋顶，如图 3-69 所示。

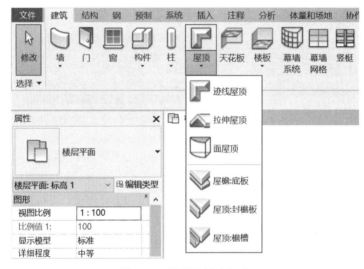

图 3-69　屋顶的创建方式

1）迹线屋顶：通过定义屋顶的边界、屋脊线、交界线、屋顶坡度而形成的屋顶。

（1）坡屋顶

选择"建筑→屋顶"下拉按钮，单击选择"迹线屋顶"，进入绘制屋顶轮廓草图模式，单击图 3-70 中"拾取墙" 按钮，在选项栏中勾选"定义坡度"复选框，设定悬挑参数，同时勾选"延伸到墙中（至核心层）"复选框。

选择所有外墙，单击完成编辑模式，即可生成屋顶（图 3-71）。

需要注意，默认屋顶坡度为 $30°$，如需修改，可在屋顶属性面板中修改"坡度"参数值，如图 3-72 所示，类似前述章节，也可在"编辑类型"选项栏中修改屋顶的结构、组成、材质等属性。

□ 定义坡度　　悬挑: 0.0　　□ 延伸到墙中(至核心层)

图 3-70　创建迹线屋顶

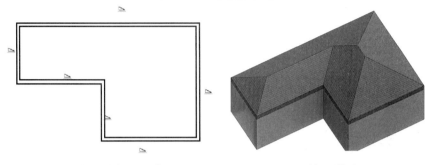

(a) 坡屋顶坡度设置示意　　　　　　　　(b) 坡屋顶效果图

图 3-71　生成坡屋顶

图 3-72　屋顶属性面板

（2）平屋顶

选择"建筑→屋顶"下拉按钮，单击选择"迹线屋顶"，单击图 3-70 中"拾取墙" 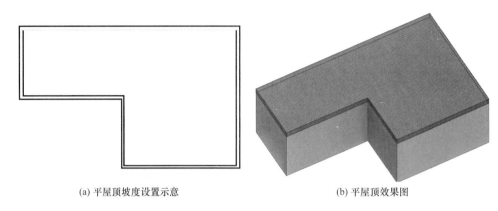 按钮，在选项栏中不勾选"定义坡度"复选框，设定悬挑参数，同时勾选"延伸到墙中（至核心层）"复选框。

选择所有外墙，单击完成编辑模式，即可生成屋顶，如图 3-73 所示。

(a) 平屋顶坡度设置示意   (b) 平屋顶效果图

图 3-73 生成平屋顶

图 3-74 平屋顶修改

（3）平屋顶的修改

若需要对平屋顶进行修改，则选中平屋顶，菜单栏出现"修改|屋顶"界面，如图 3-74 所示。点击"编辑迹线"按钮后进入图 3-75 所示的界面，其中"边界线"可以实现对屋顶边界的修改，"坡度箭头"可以设置屋顶两个边界之间的高差或者坡度，即可以将平屋顶转化为坡屋顶，如图 3-75 所示。也可设置多个坡度箭头，如图 3-76 所示，实现多面坡屋顶的功能。

菜单栏"修改|屋顶"界面还包含"添加分割线"按钮，通过该功能可以给平屋顶添加屋脊线，添加分割线之后，可以通过"修改子图元"设置分割线的高度，满足不同屋顶建筑设计的要求，如图 3-77 所示。

(a) 坡度箭头选项卡

图 3-75 平屋顶设置单坡度箭头（一）

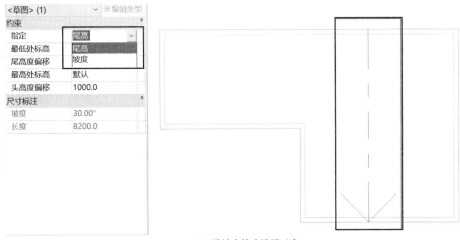

(b) 单坡度箭头设置示意

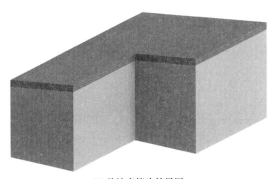

(c) 单坡度箭头效果图

图 3-75 平屋顶设置单坡度箭头 (二)

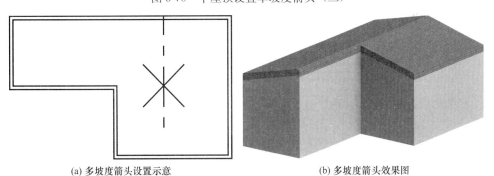

(a) 多坡度箭头设置示意 (b) 多坡度箭头效果图

图 3-76 平屋顶设置多坡度箭头

　　菜单栏"修改|屋顶"界面还包含"添加点"按钮，通过该功能可以给平屋顶添加屋脊线的交点，可配合参照平面绘制。添加点之后，可以通过"修改子图元"设置添加点的高度，满足不同屋顶建筑设计的要求，如图 3-78 所示。

(a) 添加分割线选项卡

(b) 无分割线设置示意

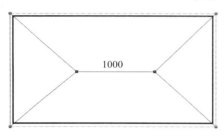

(c) 有分割线设置示意

图 3-77　添加分割线

(a) 添加点选项卡

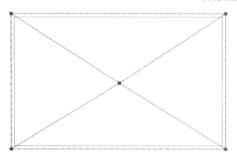

(b) 添加点设置示意

图 3-78　添加点

需要指出，"修改子图元"的抬高值并不是无限的，如果屋顶材质中的某个构造成分的厚度是"可变"的，如图 3-79 所示，则该抬高值是由该成分的不同高差形成的，这种情况下"修改子图元"的抬高值是有限的。

	功能	材质	厚度	包络	可变
1	面层 1 [4]	沥青	20.0	☐	☐
2	涂膜层	油毡	0.0		☐
3	保温层/空气层 [3]	刚性隔热层	50.0		☐
4	涂膜层	隔汽层	0.0		☐
5	**核心边界**	**包络上层**	**0.0**		
6	衬底 [2]	水泥砂浆	50.0		☑
7	结构 [1]	<按类别>	175.0		☐
8	**核心边界**	**包络下层**	**0.0**		

编辑部件
族：　基本屋顶
类型：　架空隔热保温屋顶 - 混凝土
厚度总计：　295.0 (默认)
阻力(R)：　1.4460 (㎡·K)/W
热质量：　3.79 kJ/K
层

图 3-79　修改子图元抬高值的限制

2）拉伸屋顶：对于从平面上不能创建的屋顶或是异形屋顶，可以在立面上定义一个横截面形状，通过拉伸形成屋顶。

具体操作步骤如下：

选择"建筑→屋顶"下拉按钮，单击选择"拉伸屋顶"，随后出现图 3-80 所示的"工作平面"对话框，显示有三种方式可以确定绘制屋顶截面形状的平面。若已通过"参照平面"按钮设置辅助线并对其进行命名，在"工作平面"对话框可选择"名称（N）"下拉菜单中对应的辅助线名称，如图 3-81 所示。也可选择"拾取一个平面（P）"，在模型中选择参考的墙、轴网等构件，接着在弹出的"转到视图"对话框中选择对应的视图，如图 3-82 所示。然后在该视图中绘制屋顶截面形状，可以是规则的弧线、不规则的样条曲线等，线条无须闭合，如图 3-83 所示。

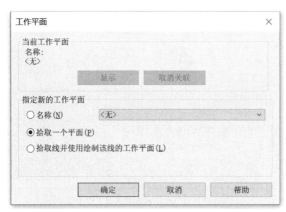

图 3-80　拉伸屋顶工作平面

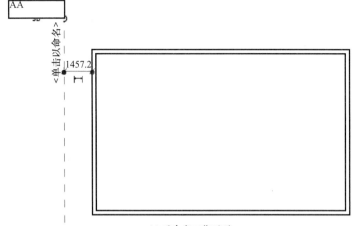

(a) 重命名工作平面

(b) 以名称方式选取工作平面

图 3-81　通过名称确定工作平面

(a) 以拾取一个平面方式选取工作平面

图 3-82　通过拾取一个平面确定工作平面并进行屋顶截面形状绘制（一）

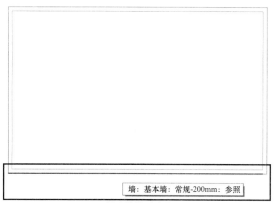

(b) 拾取墙体对应的平面

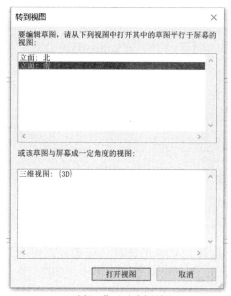

(c) 选择工作平面对应的视图

图 3-82　通过拾取一个平面确定工作平面并进行屋顶截面形状绘制（二）

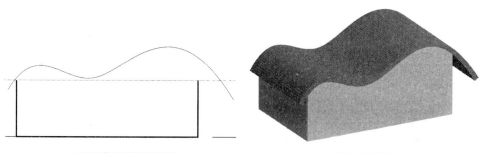

(a) 屋顶截面形状绘制示意

(b) 屋顶效果图

图 3-83　拉伸屋顶

3.4.3 屋檐底板、封檐板、檐沟

（1）屋檐底板

通常利用屋檐底板连接屋顶和墙体，具体操作为"建筑→屋顶"下拉按钮，单击选择"屋檐：底板"命令进行绘制，单击"拾取屋顶"命令选择屋顶确定屋檐底板的外轮廓，单击"拾取墙"命令选择墙体确定屋檐底板的内轮廓，生成轮廓线后"修剪"形成封闭轮廓，完成绘制。图 3-84 展示了未设置屋檐底板（右侧）和设置屋檐底板（左侧）的对比。

图 3-84　屋檐底板

（2）封檐板

"建筑→屋顶"下拉按钮，单击选择"屋檐：封檐板"命令，点击需要添加封檐板的屋顶边界线，接着在封檐板"属性"中可按需求修改不同方向的偏移量、轮廓角度等，如图 3-85 所示。

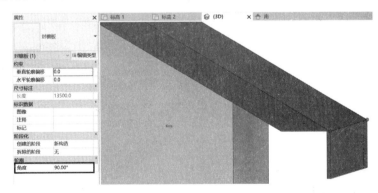

图 3-85　封檐板

76

（3）檐沟

与封檐板类似，选择"建筑→屋顶"下拉按钮，单击选择"屋檐：檐沟"命令，点击需要添加檐沟的屋顶边界线，接着在檐沟"属性"中可按需求修改不同方向的偏移量、轮廓角度等，如图 3-86 所示。

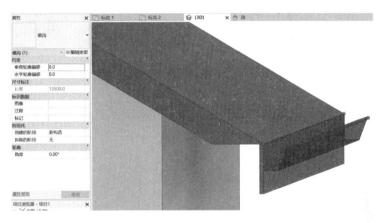

图 3-86　檐沟

3.5　楼梯扶手

3.5.1　简介

楼梯一般由楼梯段、楼梯平台和栏杆扶手三部分组成，如图 3-87 所示。

1）楼梯段

楼梯段又称楼梯跑，是楼梯的主要使用和承重部分，是联系两个标高台的倾斜构件，通常为板式楼梯。为减少上、下楼梯疲劳和适应人行习惯，梯段的踏步数一般不宜超过 18，但也不宜少于 3，梯段步数太多使人连续疲劳，步数太少则不易被人察觉。

2）楼梯平台

楼梯平台指两楼梯段之间的水平板，按平台所处位置和标高不同，有楼层平台和中间平台之分。两楼层之间的平台称为中间平台，其主要作用在于让人们在连续上楼时可在平台上稍加休息，故又称休息平台。与楼层地面标高齐平的平台称为楼层平台，除起着与中间平台相同的作用外，还用来分配从楼梯到达各楼层的人流。

3）栏杆扶手

栏杆扶手是设在梯段及平台边缘的安全设施。当梯段宽度不大时，可只在梯段临空处设置栏杆扶手。当梯段宽度较大时，非临空面也应加设靠墙扶手。当梯段宽度很大时，则需在梯段中间加设中间扶手。

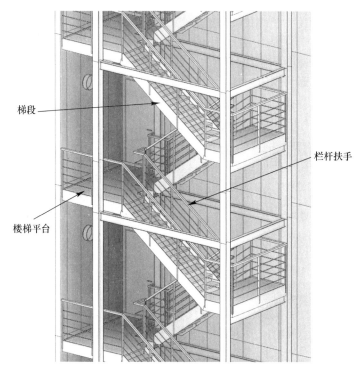

梯段

栏杆扶手

楼梯平台

图 3-87　楼梯的组成

楼梯有多种形式，具体如下：

（1）直行单跑楼梯：此种楼梯无中间平台，由于单跑楼梯踏步一般不超过18级，因此仅用于层高不高的建筑。

（2）直行多跑楼梯：此种楼梯是直行单跑楼梯的延伸，仅增设了中间平台，将单梯段变为多梯段。其一般为双跑梯段，适用于层高较大的建筑。

（3）平行双跑楼梯：此种楼梯由于上完一层楼刚好回到原起步方位，与楼梯上升的空间回转往复性吻合。当上、下多层楼面时，平行双跑楼梯比直跑楼梯节约交通面积并缩短人流行走距离，是常用的楼梯形式之一。

（4）折行多跑楼梯：此种楼梯人流导向较自由，折角可为 90°，也可大于或小于 90°。

当折角大于 90°时，由于其行进方向类似于直行双跑楼梯，因此常用于导向性强、仅上一层楼的影剧院、体育馆等建筑的门厅。当折角小于 90°时，其行进方向回转延续性有所改观，形成三角形楼梯间，可用于多层建筑。

（5）交叉跑楼梯：交叉跑楼梯可认为由两个直行单跑楼梯交叉并列布置而成，通行的人流量较大，且为上、下楼层的人流提供了两个方向，其空间开敞、楼层人流可以多方向进入，但仅适合层高小的建筑。

（6）螺旋形楼梯：螺旋形楼梯通常是围绕一根单柱布置，平面呈圆形。其平台和踏步均为扇形平面，踏步内侧宽度很小并形成较陡的坡度，行走时不安全，且构造较复杂。这种楼梯不能作为主要人流交通和疏散楼梯，但由于其流线造型设计，因此常作为建筑小品布置在庭院或室内。

楼梯设计主要关注以下 6 个尺度：踏步尺度、梯段尺度、平台宽度、梯井宽度、栏杆扶手尺度以及楼梯净空高度。

1）踏步尺度

楼梯的坡度在实际应用中均由踏步高宽比决定。踏步的高宽比需根据人流行走的舒适、安全和楼梯间的尺度、面积等因素进行综合权衡。常用的坡度为 1∶2 左右。人流量大、安全要求高的楼梯坡度应该平缓一些；反之，则可陡一些，以利于节约楼梯水平投影面积。

对于成人，踏步的高度以 150mm 左右较适宜，不应高于 175mm；踏步的宽度（水平投影度）以 300mm 左右为宜，不应窄于 260mm。为了在踏步宽度一定的情况下增加行走舒适度，常将踏步出挑 20～30mm，使踏步实际宽度大于其水平投影宽度。

2）梯段尺度

梯段尺度分为梯段宽度和梯段长度。梯段宽度应根据紧急疏散时要求通过的人流股数确定，每股人流按 550～600mm 宽度考虑，双人通行时为 1100～1200mm，三人通行时为 1650～1800mm，依此类推。

3）平台宽度

平台宽度分为中间平台宽度和楼层平台宽度，对于平行和折行多跑等类型的楼梯，其中间平台宽度应不小于梯段宽度，并不得小于 1200mm，以保证通行。

医院建筑还应保证担架在平台处能转向通行，其中间平台宽度应不小于 1800mm。

对于直行多跑楼梯，其中间平台宽度不宜小于 1200mm。楼层平台宽度，则应比中间平台更宽松一些，以利于人流分配和停留。

4）栏杆扶手尺度

梯段栏杆扶手尺度指踏步前缘线到扶手顶面的垂直距离，其高度根据人体重心高度和楼梯坡度大小等因素确定，一般不应低于 900mm。靠楼梯井一侧水平扶手长度超过 500mm 时，其扶手高度不应小于 1050mm；供儿童使用的楼梯应在 500～600mm 高度处增设扶手。

3.5.2　楼梯的绘制

选择"建筑→楼梯"按钮，进入"修改|创建楼梯"选项卡，如图 3-88 所示，默认选择"梯段"按钮，右侧显示不同类型的楼梯，以直行单跑楼梯和平行双跑楼梯为例演示。

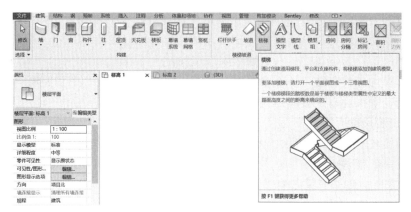

(a) 楼梯菜单

(b) 楼梯绘制选项卡

(c) 绘制楼梯设置

图 3-88　楼梯选项

1) 直行单跑楼梯

(1) 如图 3-89 所示，选择"直梯"构件。

(a) 直行单跑楼梯绘制示意

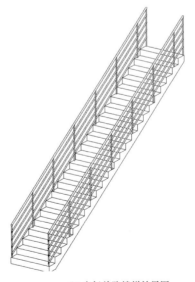

(b) 直行单跑楼梯效果图

图 3-89 直行单跑楼梯示例

（2）设置定位线、偏移、实际梯段宽度等参数。

（3）在楼梯属性中设置顶部标高、底部标高、顶部偏移、底部偏移、所需踢面数、实际踏板深度等参数。需要注意，为防止自定义踢面高度时出现踢面数量不为整数的情况，Revit 楼梯属性中不允许自定义踢面高度，软件通过自定义的踢面数量自动计算对应的踢面高度。

（4）选择楼梯的起始点，移动鼠标软件自动给出已创建的踢面数量及剩余踢面数量，本案例为直梯，如图 3-89 所示，在一条直线上点击第一跑的结束点，完成创建所有踢面。点击完成编辑模式✔️，得到直行单跑楼梯（软件自动配置了栏杆扶手）。

2）平行双跑楼梯

（1）如图 3-90 所示，选择"直梯"构件。

（2）设置定位线、偏移、实际梯段宽度等参数。

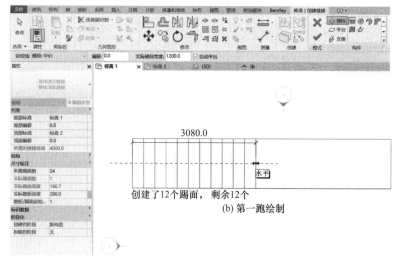

(b) 第一跑绘制

(a) 平行双跑楼梯设置

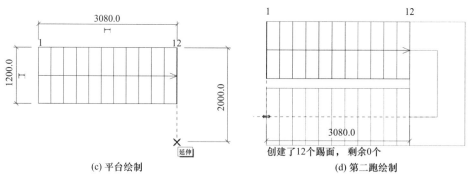

(c) 平台绘制

(d) 第二跑绘制

图 3-90　平行双跑楼梯示例（一）

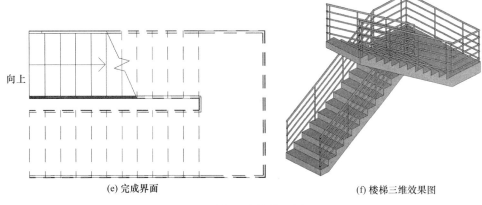

(e) 完成界面 (f) 楼梯三维效果图

图 3-90 平行双跑楼梯示例 (二)

（3）在楼梯属性中设置顶部标高、底部标高、顶部偏移、底部偏移、所需踢面数、实际踏板深度等参数。

（4）选择楼梯的起始点，移动鼠标点击第一跑的结束点，完成第一跑楼梯绘制，本示例中第一跑创建半数 12 个踢面。

（5）点击第二跑楼梯起点，再点击第二跑楼梯结束点，完成创建剩余踢面，点击完成编辑模式，得到图示的平行双跑楼梯。需要注意，两跑楼梯之间应留有空隙，否则无法生成平台。

3）其他形式的楼梯

根据不同的楼梯形式，可以选择不同的构件绘制楼梯，例如全踏步螺旋、L形转角、U形转角等，如图 3-91 所示。

(a) 全踏步螺旋 (b) L形转角 (c) U形转角

图 3-91 异形楼梯

3.5.3 楼梯的修改

本小节以直行双跑楼梯为例，对楼梯修改进行如下具体描述：

1）选中需要修改的楼梯，菜单栏出现"编辑楼梯"菜单，点击该按钮，楼梯出现踏步索引号，如图3-92所示。

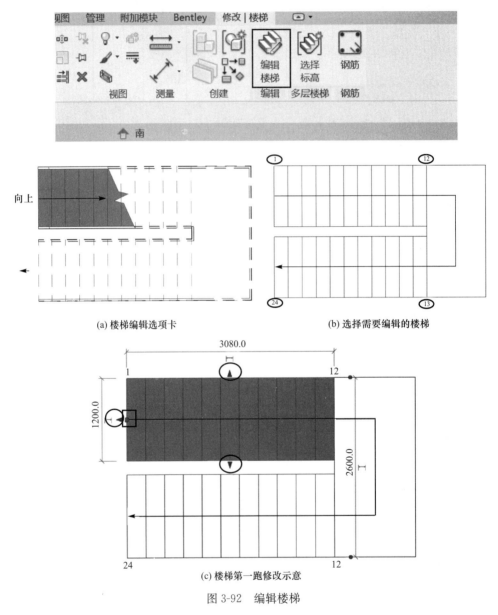

(a) 楼梯编辑选项卡   (b) 选择需要编辑的楼梯

(c) 楼梯第一跑修改示意

图 3-92 编辑楼梯

2）选中需要修改的梯段，出现梯段长度、宽度调整符号，拖动即可调整梯段大小、宽度。需要注意，梯段末端有两种操作符号，如图 3-92(c) 所示：

（1）圆点：拖动仅会增加或减少本段梯段的踏步数量；

（2）三角：拖动不仅会增加或减少本段梯段的踏步数量，其他相关梯段也会相应减少或增加，保持总踏步数不变。

3）为了实现楼梯位置的准确放置，可配合详图线，将其作为楼梯放置、拖动的基准线。

4）平台调整：类似梯段调整，选择需要调整的平台，出现平台大小、位置的调整符号，如图 3-93 所示，拖动即可进行调整。

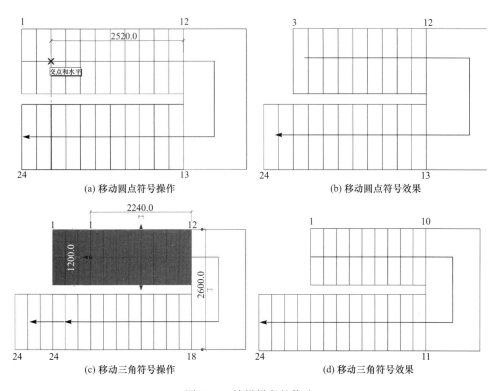

图 3-93 楼梯梯段的修改

5）翻转楼梯：方法一，选中楼梯，选择平面与立面上的翻转符号；方法二，在楼梯编辑模式下，选中梯段，点击菜单栏中的"翻转"，如图 3-94 所示。

除此之外，还可以进一步进行草图编辑，对梯段几何形状、踢面几何形状进行修改。

（1）选中需要修改的梯段，点击菜单栏中的"转换"按钮，如图 3-95 所示，此时跳出提示对话框，点击关闭。

（2）点击菜单栏中的"编辑草图"按钮，可对梯段边界、踏面、楼梯路径进行修改。

（3）部分修改效果如图 3-96 所示。

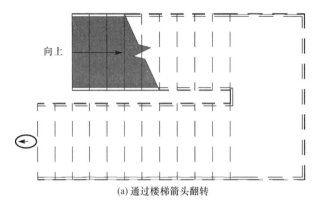

(a) 通过楼梯箭头翻转

(b) 通过翻转选项卡实现

图 3-94　楼梯翻转的两种方式

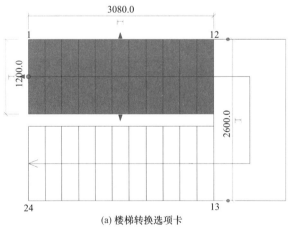

(a) 楼梯转换选项卡

图 3-95　楼梯编辑草图（一）

(b) 转换对话框

(c) 楼梯编辑草图选项卡

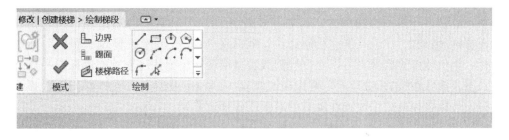

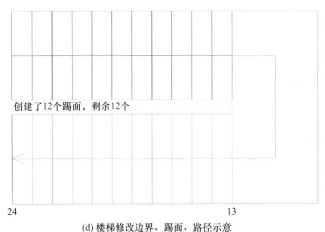

创建了12个踢面，剩余12个

24　　　　　　　　　13

(d) 楼梯修改边界、踢面、路径示意

图 3-95　楼梯编辑草图（二）

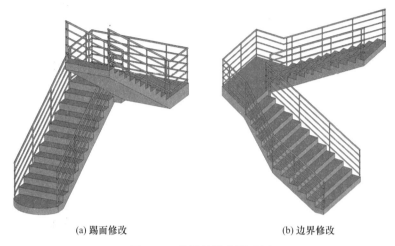

(a) 踢面修改   (b) 边界修改

图 3-96　楼梯编辑草图示例

3.5.4　栏杆扶手

1）栏杆扶手的绘制

绘制栏杆扶手有两种方式，如图 3-97 所示，分别为"绘制路径"和"放置在楼梯/坡道上"。若点击"绘制路径"则出现"修改 | 创建栏杆扶手路径"菜单栏，类似墙体等构件，可以绘制规则或者自定义不规则几何形状的栏杆路径。若点击"放置在楼梯/坡道上"则出现"修改 | 在楼梯/坡道上放置栏杆扶手"菜单栏，可以将栏杆扶手放置在既有的踏板或者梯边梁上。

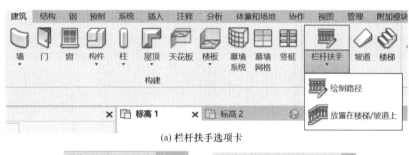

(a) 栏杆扶手选项卡

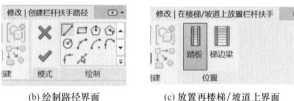

(b) 绘制路径界面   (c) 放置再楼梯/坡道上界面

图 3-97　绘制栏杆扶手

2）栏杆扶手属性

栏杆扶手属性见图 3-98，其中扶栏横向布置，栏杆竖向布置，包括两侧立柱,"扶栏结构(非连续)"和"栏杆位置"均可编辑,点击左下角"预览(P)"
按钮,可实时查看栏杆扶手布置效果。

(a) 栏杆扶手属性设置

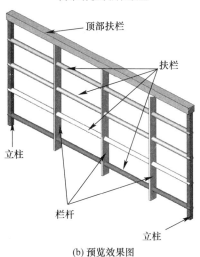

(b) 预览效果图

图 3-98　栏杆扶手属性(一)

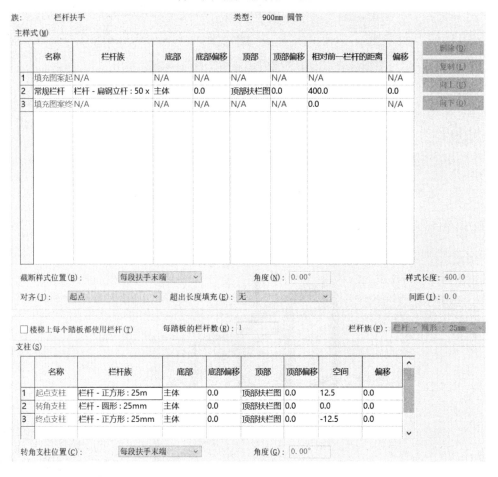

族： 栏杆扶手
类型： 900mm 圆管
扶栏

	名称	高度	偏移	轮廓	材质
1	扶栏 1	700.0	0.0	圆形扶手 : 30mm	塑料
2	扶栏 2	500.0	0.0	圆形扶手 : 30mm	木材 - 层压板 - 象牙白
3	扶栏 3	300.0	0.0	圆形扶手 : 30mm	金属 - 钢 43-275
4	扶栏 4	100.0	0.0	圆形扶手 : 30mm	EPDM 薄膜

(c)"扶栏结构（非连续）"设置

族： 栏杆扶手　　　　　　　　　　　　　类型： 900mm 圆管

主样式(M)

	名称	栏杆族	底部	底部偏移	顶部	顶部偏移	相对前一栏杆的距离	偏移
1	填充图案起 N/A		N/A	N/A	N/A	N/A	N/A	N/A
2	常规栏杆	栏杆 - 扁钢立杆 : 50 x	主体	0.0	顶部扶栏图	0.0	400.0	0.0
3	填充图案终 N/A		N/A	N/A	N/A	N/A	0.0	N/A

删除(D)
复制(L)
向上(U)
向下(D)

截断样式位置(B)： 每段扶手末端　　　　角度(N)： 0.00°　　　　样式长度： 400.0
对齐(J)： 起点　　　　超出长度填充(E)： 无　　　　间距(I)： 0.0

□ 楼梯上每个踏板都使用栏杆(T)　　每踏板的栏杆数(R)： 1　　　　栏杆族(F)： 栏杆 - 圆形 : 25mm

支柱(S)

	名称	栏杆族	底部	底部偏移	顶部	顶部偏移	空间	偏移
1	起点支柱	栏杆 - 正方形 : 25m	主体	0.0	顶部扶栏图	0.0	12.5	0.0
2	转角支柱	栏杆 - 圆形 : 25mm	主体	0.0	顶部扶栏图	0.0	0.0	0.0
3	终点支柱	栏杆 - 正方形 : 25mm	主体	0.0	顶部扶栏图	0.0	-12.5	0.0

转角支柱位置(C)： 每段扶手末端　　　　角度(G)： 0.00°

(d)"栏杆位置"设置

图 3-98　栏杆扶手属性（二）

3）相关的族

如图 3-99 所示，栏杆扶手相关的族可以在"项目浏览器"中"族"和"轮廓"选项中选择、编辑或进行其他操作。

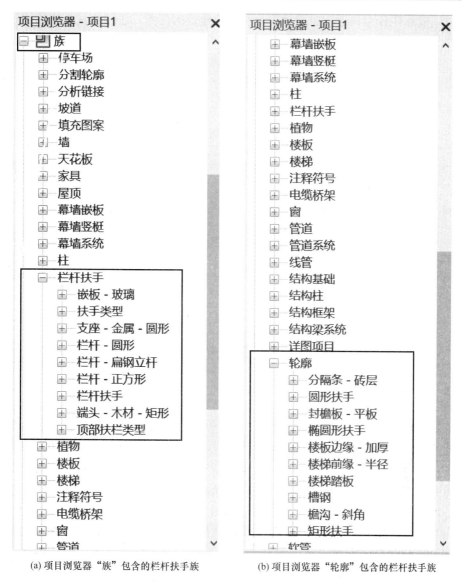

(a) 项目浏览器"族"包含的栏杆扶手族　　(b) 项目浏览器"轮廓"包含的栏杆扶手族

图 3-99　栏杆扶手相关的族

3.6　体量的创建

3.6.1　简介

体量在 Revit 中主要用来创建自由形体,由于可以拾取体量面来生成墙板、屋顶,所以体量也会用来绘制一些异形墙板屋顶。在方案设计或者规划中,由于体量生成形体较为快速，也承担着绘制周边建筑的任务，通过体量创建的建筑也能够导出到其他软件中进行计算。

表 3-1 对比了"族"和"体量"的相同点和不同之处。由于体量比较自由，不需要像族和项目一样，通过标高轴网和立面等利用平面视图来绘制三维模型，而是直接在三维视图中绘制三维模型。

族和体量对比　　　　　　　　　　表 3-1

	族	体量
不同的建模环境	仅有参照标高	可以创建标高
不同的建模方法	轮廓形状必须是闭合的	可以是开放的线条 支持对线面高度的自定义 有分割表面的工具
不同的用途	创建常规构件，如墙、门、窗、螺栓等	服务建筑方案的设计，增强了 Revit 曲面建模的能力
相同点	生成 .rfa 文件 可以添加参数控制 可以赋予材质 可以在项目中内建，也可以外建 建模方法类似：拉伸、融合、放样、旋转等	

3.6.2　创建体量

Revit 软件在"新建"命令中提供了"概念体量"工具，"概念体量"工具实际应用广泛、高效，但是应用难度也比较大，其中"参数化"部分更体现出"概念体量"工具具有强大的实际应用价值。创建概念体量，也就是进入概念体量环境有两种方法：一是内建体量，二是新建概念体量，如图 3-100 所示。

体量的建模方法如图 3-101 所示：通过"设置"按钮选择合适的工作平面，可以通过创建标高的方式增加工作平面；选择"模型"类型，设置参照平面、详图线等；绘制草图轮廓；选中绘制的几何图形及参照线，点击"创建形状"按钮，根据需要选择"实心形状"或"空心形状"。

(a) 内建体量

图 3-100　概念体量的创建（一）

(b) 新建体量

图 3-100 概念体量的创建 (二)

体量的常用建模方式有以下几种：

(1) 拉伸，如图 3-102 所示。

(2) 放样，如图 3-103 所示。

(3) 旋转，如图 3-104 所示。

(4) 扫描，如图 3-105 所示。

(5) 放样融合，如图 3-106 所示。

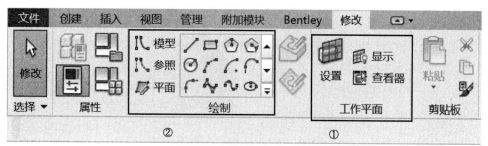

(a) 体量建模选项卡

图 3-101 建模过程 (一)

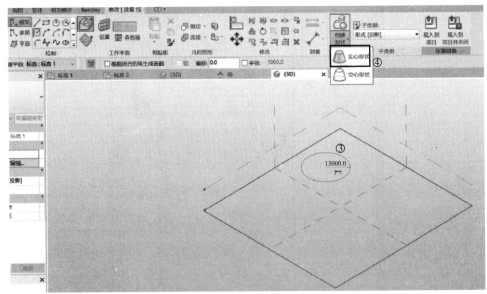

(b) 实心形状体量绘制

图 3-101　建模过程（二）

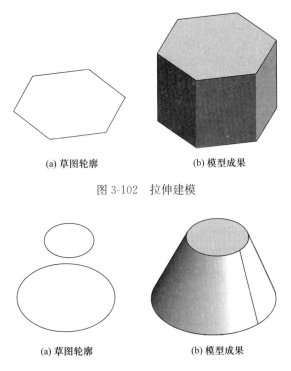

(a) 草图轮廓　　　　　(b) 模型成果

图 3-102　拉伸建模

(a) 草图轮廓　　　　　(b) 模型成果

图 3-103　放样建模

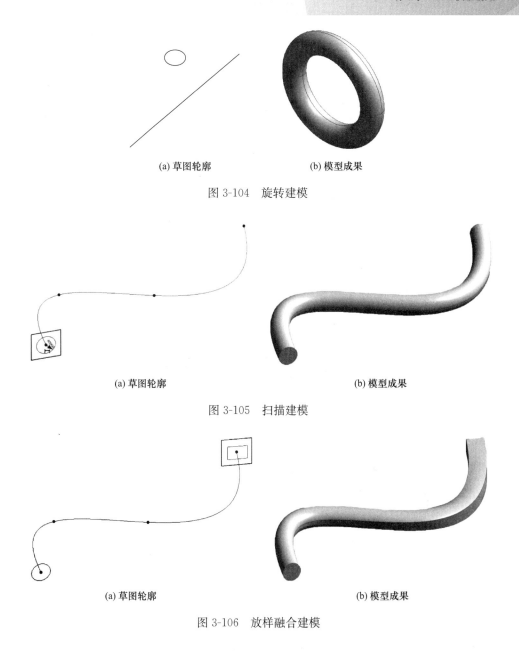

(a) 草图轮廓　　　　　　　　　(b) 模型成果

图 3-104　旋转建模

(a) 草图轮廓　　　　　　　　　(b) 模型成果

图 3-105　扫描建模

(a) 草图轮廓　　　　　　　　　(b) 模型成果

图 3-106　放样融合建模

3.6.3　体量创建例题

［例］　按照图 3-107 给定尺寸，用体量方式创建模型。

解答：

步骤 1：点击"新建"→"概念体量"，选择"公制体量"族样板文件（图 3-108）。

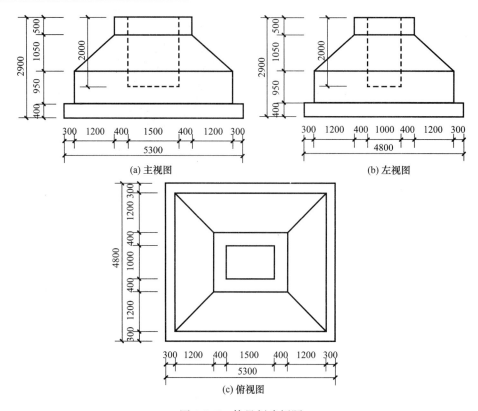

图 3-107　体量创建例题

图 3-108　新建概念体量

步骤 2：按主视图或左视图创建标高 1～5（图 3-109）。

步骤 3：采用辅助线等方式确定平台位置，创建标高 1 处平台（图 3-110）。

步骤 4：创建标高 2 处平台（图 3-111）。

步骤5：创建标高3处平台（图3-112）。

图3-109 创建标高1~5

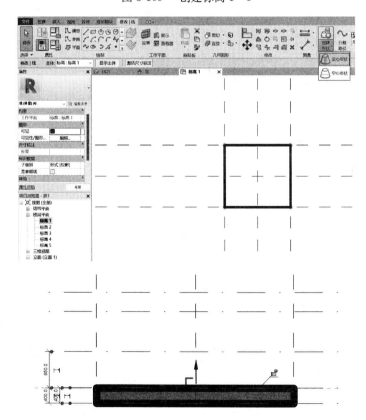

图3-110 创建标高1处平台

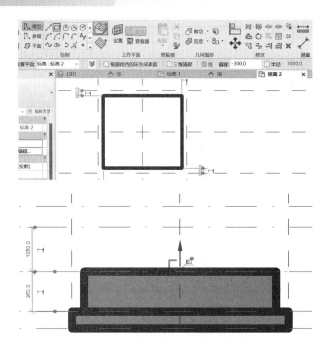

图 3-111　创建标高 2 处平台

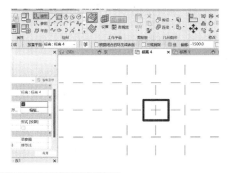

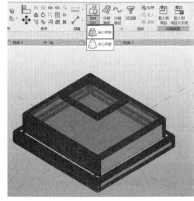

图 3-112　创建标高 3 处平台

步骤6：创建标高4处平台（图3-113）。

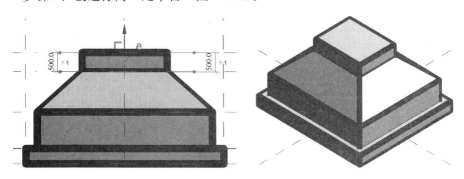

图 3-113　创建标高 4 处平台

步骤7：创建空心形状（图3-114）。若空心形状在三维图中显示不完整，则采用"剪切"操作（图3-115）。

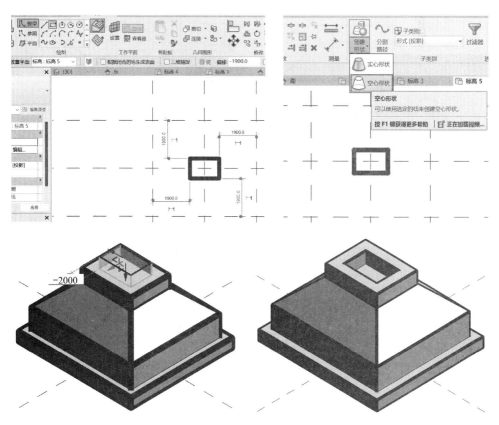

图 3-114　创建空心形状

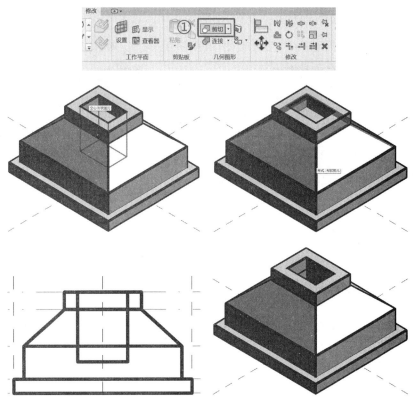

图 3-115　空心形状剪切

第4章
标注与注释标记

4.1 标注

与 CAD 类似，图样除了画出物体及其各部分的形状外，还必须准确、详尽、清晰地标注尺寸。在 Revit 中尺寸标注是项目中显示距离和尺寸的视图专有图元。如图 4-1 所示，"注释"选项卡包含各类尺寸标注功能。

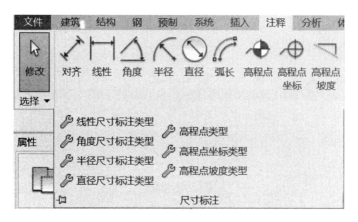

图 4-1　尺寸标注功能

4.1.1 对齐尺寸标注

切换到指定平面视图，单击"注释"选项卡→"尺寸标注"面板→"对齐"按钮。选择尺寸标注类型设置标注样式，单击"编辑类型"按钮，进入尺寸标注类型属性对话框，如图 4-2 所示。

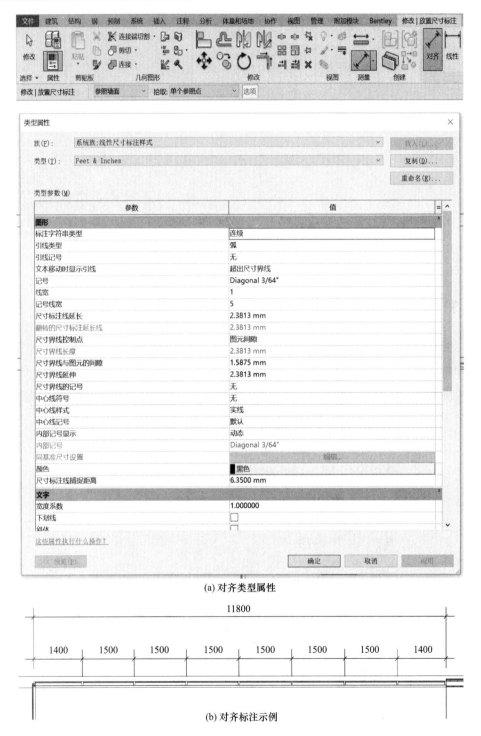

(a) 对齐类型属性

11800

| 1400 | 1500 | 1500 | 1500 | 1500 | 1500 | 1500 | 1400 |

(b) 对齐标注示例

图 4-2　对齐尺寸标注

将光标移动到绘图区域，放置在某个图元的参照点上，则参照点会高亮显示。通过 Tab 键可在不同的参照点之间循环切换。依次单击指定参数，按 Esc 键退出放置状态，完成对齐尺寸标注。拖动文字下方的圆点，可将标注文字移动至其他位置。

4.1.2　线性尺寸标注

线性尺寸标注放置于选定的点之间。尺寸标注与视图的水平轴或垂直轴对齐。选定点是图元的端点或参数的交点。只有在项目环境中才可用线性尺寸标注。线性尺寸标注无法在族编辑器中创建。

切换到指定视图，单击"注释"选项卡→"尺寸标注"面板→"线性"按钮。选择线性尺寸标注类型并设置标注样式，依次单击图元的参照点或参照的交点，使用空格键可使尺寸标注在垂直轴或水平轴标注间切换。当选择完参照点之后，按 Esc 键两次退出放置状态，完成线性尺寸标注的绘制，如图 4-3 所示。

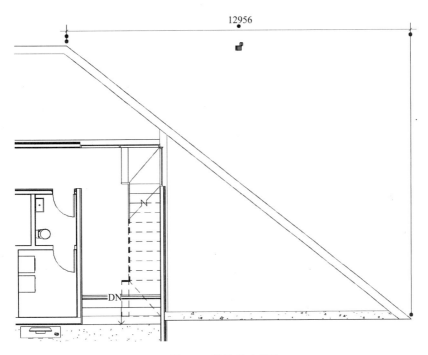

图 4-3　线性尺寸标注

4.1.3　角度尺寸标注

可通过放置角度尺寸标注测量共享公共交点的参数点之间的角度，可为尺寸标注选择多个参照点，每个图元都必须穿越一个公共点。

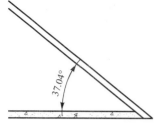

图 4-4　角度尺寸标注

切换到指定视图，单击"注释"选项卡→"尺寸标注"面板→"角度"按钮。选择角度尺寸标注类型并设置标注样式，依次单击构成角度的两条边，拖拽光标以调整角度标注的大小。当尺寸标注大小合适时，单击以放置标注。完成后按 Esc 键退出放置状态，如图 4-4 所示。

4.1.4　半径/直径尺寸标注

通过放置一个径向尺寸标注，以便测量内部曲线或圆角的半径/直径。

切换到指定视图，单击"注释"选项卡→"尺寸标注"面板→"半径"/"直径"按钮。选择径向尺寸标注类型并设置标注样式，将光标移动到要放置标注的弧上，通过按 Tab 键在墙面和墙中心线之间切换尺寸标注的参照点，确定后单击，尺寸标注将显示出来。滑动鼠标，选择合适位置，再次单击以放置永久性尺寸标注。按 Esc 键退出放置状态，如图 4-5 所示。

4.1.5　弧长尺寸标注

通过放置弧长尺寸标注测量弯曲墙或其他图元的长度。

切换到指定视图，单击"注释"选项卡→"尺寸标注"面板→"弧长"，选择弧长尺寸标注类型并设置相关属性参数。将光标放置在弯曲墙或其他图元上，参照线变成蓝色，软件并提示"选择与该弧相交的参照，然后单击空白区域完成操作"。若与弧相交的是墙体，需要在相交的两端墙面上（墙面或墙中心线）各自单击一次。若与弧未有相交图元，这时需要分别单击弧的起点和终点。完成后会出现临时尺寸，移动光标至弧的外部或内部，单击以放置永久性尺寸标注。按 Esc 键退出放置状态，如图 4-6 所示。

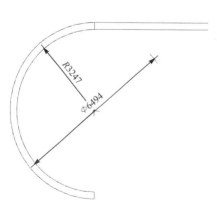

图 4-5　半径/直径尺寸标注

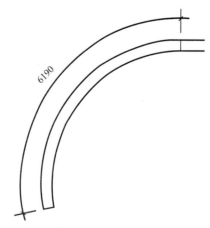

图 4-6　弧长尺寸标注

4.1.6 高程点标注

通过使用高程点标注工具，可在平面视图、立面视图和三维视图中获取坡道、公路、地形表面及楼梯平台的高程，并显示其高程点。

将视图切换至楼层相关视图，平面图、立面图、剖面图和锁定三维视图均可。选择高程点标注类型，并设置高程点标注类型相关属性参数。在选项栏中，对标注样式进行进一步的参数设置，然后将光标放置于需要标记的图上，单击确定标注位置，再次单击确定水平段开始位置，最后单击确定高程点放置方向，如图 4-7 所示。

4.1.7 高程点坐标标注

通过使用此工具，可在楼板、墙、地形表面和边界上，或在非水平表面和非平面边缘上放置标注，以显示项目中选定点的"北/南"和"东/西"坐标。

将视图切换至楼层相关视图，单击"注释"选项卡→"尺寸标注"面板→"高程点坐标"按钮。选择高程点坐标标注类型并设置高程点坐标标注类型相关属性参数。将光标移动到绘图区域中，选择图元的边缘或选择地形表面上的某个点。然后移动光标单击确定引线位置，最后再次单击确认坐标标注放置方向，如图 4-8 所示。

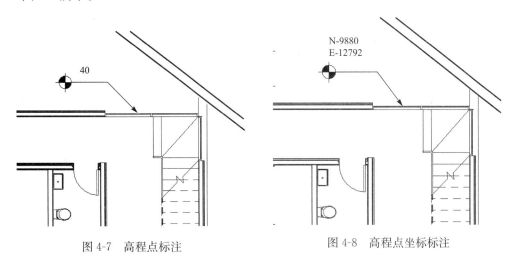

图 4-7　高程点标注　　　　　　图 4-8　高程点坐标标注

4.2　注释标记

4.2.1　标记工具

软件"注释"选项卡中列出了可用的标记工具，如图 4-9 所示，这些标记工具的主要功能是实现门窗编号、材料注释及房间标记，以下主要介绍几种常用的标记工具。

图 4-9　标记工具

1）按类别标记

以墙体为例，单击"注释"选项卡中的"按类别标记"，将光标移动至目标墙体处，出现如图 4-10 所示的引线与问号，单击该墙体，然后选中该标记，在"修改|墙标记"选项卡中点击"编辑族"按钮，进一步点击"编辑标签"按钮，出现对应的对话框。右侧标签参数可以看到目标墙体的标记类型为空值，这是当前标记显示问号的原因。为了显示正确的标记，选中目前墙体点击"编辑类型"，修改"类型属性"对话框中的"类型标记"即可。

若要按厚度、体积等其他类别进行标记，可以在"编辑标签"对话框中进行修改。

2）全部标记

为方便标记当前视图中一个类别的所有未注释对象，可以采用全部标记功能，点击后出现图 4-11 所示的对话框，例如选择"门标记"，点击应用完成标记。

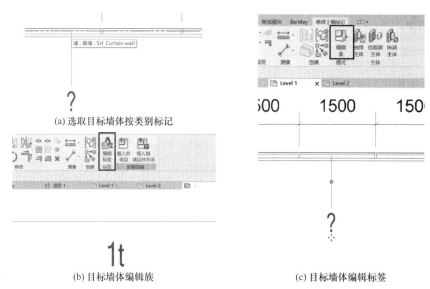

(a) 选取目标墙体按类别标记

(b) 目标墙体编辑族

(c) 目标墙体编辑标签

图 4-10　按类别标记（一）

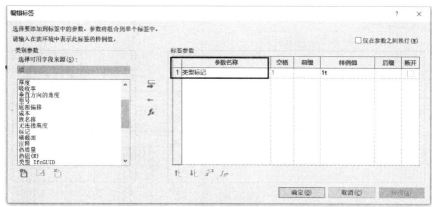

(d) 编辑标签对话框

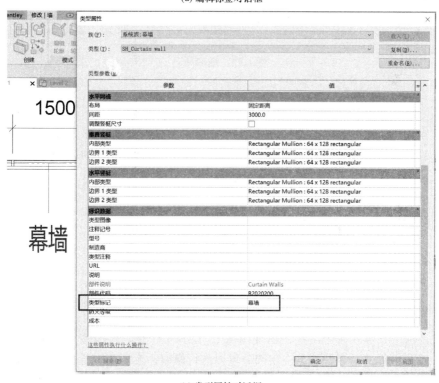

(e) 类型属性对话框

图 4-10 按类别标记（二）

3）房间标记

点击"房间标记"按钮，选择需要添加标记的房间，在合适的位置放置标记即可，双击该标签可直接修改房间名称。颜色方案、可见性等可在楼层平面属性栏中进行修改。

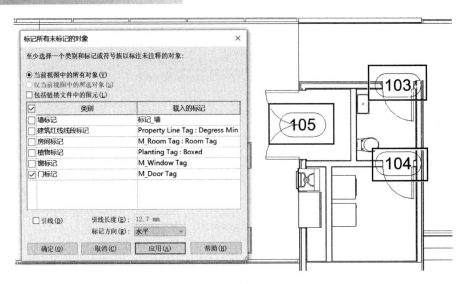

图 4-11　全部标记

4.2.2　符号工具

软件"注释"选项卡中列出了可用的符号工具，如图 4-12 所示，这些符号工具的主要功能是描述排水符号、剖断线、工艺做法等。其中第一个按钮"符号"最为常用。

图 4-12　符号工具

点击"符号"按钮，默认出现图 4-13 所示的标签，该标签主要用于材料注释、节点构造说明等，点击文字部分可以进行修改。实际上，选中该符号，左侧属性框下拉菜单中有其他多种类型的符号标记，例如点击"符号-指北针"→"填充"，则出现图示的指北针符号，点击"编辑类型"可进一步修改角度、文字等细节。

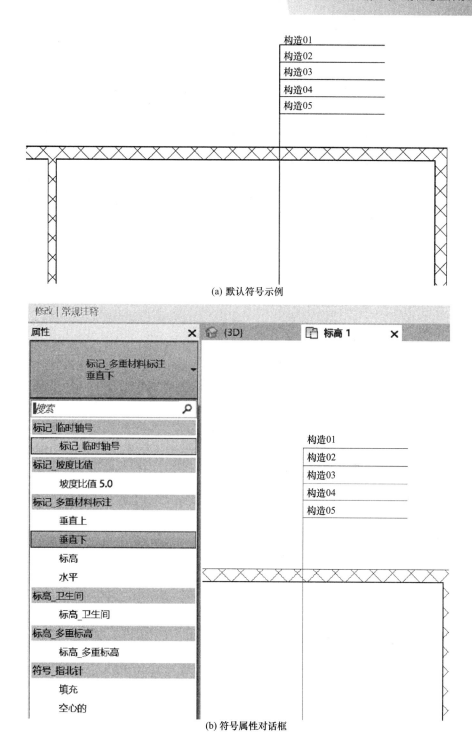

(a) 默认符号示例

(b) 符号属性对话框

图 4-13 符号标记（一）

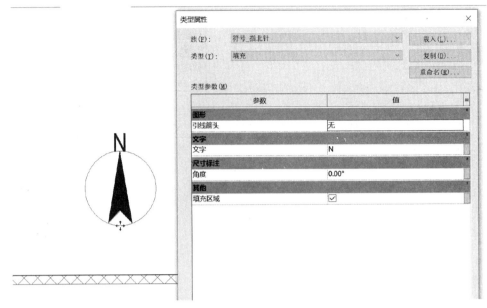

(c)指北针符号示例

图 4-13　符号标记（二）

第 5 章

成果输出

BIM 模型需要依据现场分析、建筑物需求、工程预算及系统方案来设计建立。模型内需显示建筑物功能、量体空间应用、结构系统、机电设备、材料、施工性及营运维护，才算功能完善的模型。在方案设计阶段，主要进行项目方案对比、方案评审、项目成本预算，应用 BIM 模型可视化功能可方便地完成上述工作，在模型中输入相关的项目数据可快捷地进行项目成本预算。本章成果输出主要介绍明细表、图纸创建、渲染与漫游。

5.1 明细表

5.1.1 简介

算量是工程设计的一个重要步骤，从最开始用比例尺在蓝图上测量，到使用 CAD 软件测量每一条多段线，工程师都需要花费大量时间，既浪费资源，又会造成计算结果偏差。随着 BIM 技术的发展，我们可以通过 Revit 软件明细表功能直接导出相关数据。

5.1.2 明细表的创建

明细表以表格方式呈现图形中特性数据，如图 5-1 所示，在菜单栏"视图"面板中"明细表"下拉菜单可以进行具体设置。

本节以 Revit 软件自带的样例文件"rac _ basic _ sample _ project. rvt"为例，介绍窗明细表的创建，具体步骤如下（图 5-2）：

（1）以楼层 1 为例，点击"明细表"下拉菜单中的"明细表/数量"，出现"新建明细表"对话框，选择"建筑"列表中的"窗"类别，点击确定，进入"明细表属性"对话框。

图 5-1　明细表

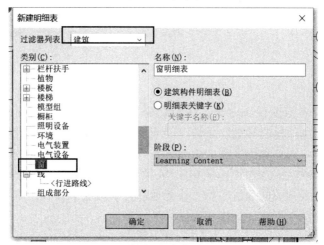

(a) 新建明细表对话框

(b) 明细表属性-字段设置

图 5-2　窗明细表的创建（一）

(c) 明细表属性-排序/成组设置

(d) 明细表属性-格式设置

<窗明细表>

A	B	C	D
类型	宽度	高度	合计
1180 x 1170mm	1118	2340	2
Standard	1500	40500	15

(e) 窗明细表示例

图 5-2　窗明细表的创建（二）

（2）在"字段"选项卡中选择需要的明细表字段，然后点击 ▀ 按钮进入右侧"明细表字段"显示框。

（3）在"排序/成组"选项卡中选择合适的排序方式，根据需要确定是否勾选"逐项列举每个实例（Z）"。

（4）在"格式"选项卡右侧字段格式下拉菜单中选择"计算总数"，用以统计相同窗的数量，点击确定，完成明细表的创建。

若需要对已创建的明细表进行修改，则可以点击左侧"属性"栏中的相关参数进行编辑，如图 5-3 所示。

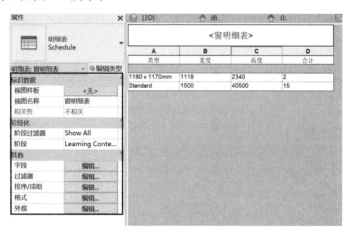

图 5-3　明细表的修改

5.2　施工图

5.2.1　简介

由 BIM 构件经切割、剖断、展开及视角定位构成的图形称为视图，包括平面图、立面图、剖面图、详图、三维可视化图形等。视图是信息交互的重要载体，视图所表达的内容及实例对象来源于 BIM 构件的几何表现特征，视图与模型联动。从视图创建图纸可以有效实现"图模协同"，解决目前工程中"图模不一致"的问题。

定义基本构件之后，即可创建不同类型的视图。例如为各个楼层创建一系列视图："地下室""第一楼层""第二楼层""屋顶"。也可以根据功能创建视图，如"墙""框架""家具"等。

5.2.2　创建视图

创建视图的主要过程包括以下几步：（1）选择要包括在视图中的层和分区；

（2）选择要包含在视图中的构件；（3）选择将视图参照到打印图纸中时要使用的视口设置；（4）如有必要，为新视图进行符号和尺寸标注。具体操作如下：

1）平面视图

在项目浏览器中右键点击目标平面视图，选择"复制视图"——"带细节复制"，进一步右键点击所复制的视图进行"重命名"操作即可，如图 5-4 所示。

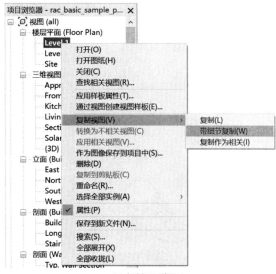

(a) 复制平面视图

(b) 平面视图重命名

图 5-4 创建平面视图

2）立面视图

选择某一参考平面，选择"视图"选项卡，点击"立面"添加立面符号，如图 5-5 所示，放置立面符号后点击该符号中心位置即可对该立面符号进行旋转；

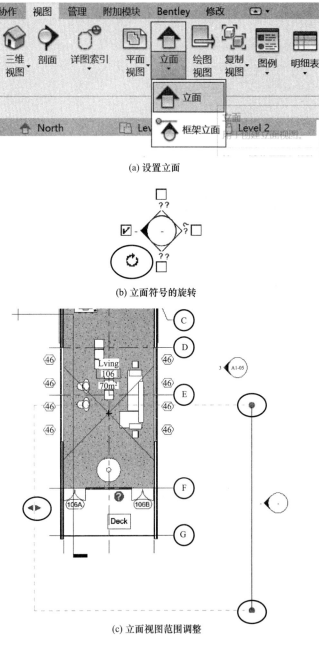

(a) 设置立面

(b) 立面符号的旋转

(c) 立面视图范围调整

图 5-5　创建立面视图

点击该立面符号箭头，即可编辑立面视图的显示范围。

3）剖面视图

选择某一参考平面，选择"视图"选项卡，点击"剖面"添加剖切符号，如图 5-6 所示，放置剖切符号后可点击该符号进行剖切范围调整，也可点击切换符号修改剖切方向。

(a) 设置剖面

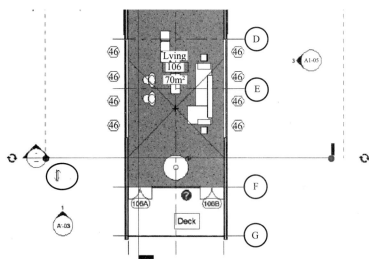

(b) 通过切换符号调整剖切方向

图 5-6 创建剖面视图

5.2.3 模型显示

在以上视图中，对于不想显示在视图中的图元，可以在对应视图的属性栏中编辑"可见性/图形替换"，如图 5-7 所示，将某一图元类别前面的勾选去掉，则视图中将不显示该类别。

当有多个平面需要编辑修改时，逐一修改耗费时间，且可能造成人为偏差，此时可以采用设置视图样板的方式快速解决该问题。

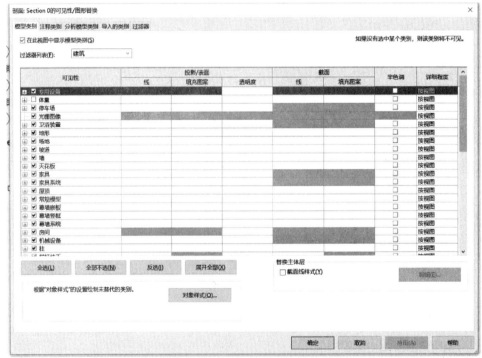

图 5-7　视图可见性编辑

　　如图 5-8 所示，点击视图属性栏中的视图样板，可以直接选择创建好的视图样板，也可以根据需要自行新建样板。在视图样板中，可以对可见性等进行标准化设置，完成设置后，在属性栏中直接选择即可使用。

　　若需要在视图中进行尺寸标注，可参考第 4 章相关内容。

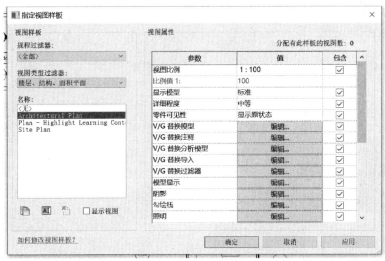

图 5-8　视图样板

5.2.4　创建详图

平面图、立面图、剖面图都是根据创建视图、模型显示、添加注释的顺序建立的，详图的创建分两步，一是创建视图，二是深化视图。

1）创建视图

选择某一楼层平面，点击"视图"选项卡中的"详图索引"，选择"矩形"在楼层平面中绘制矩形框，项目浏览器中即出现详图索引，如图 5-9 所示。

当已经有详图时，可以点击"视图"选项卡中的"绘制视图"，然后导入CAD图纸，在修改选项卡中点击"完全分解"对详图进行修改。

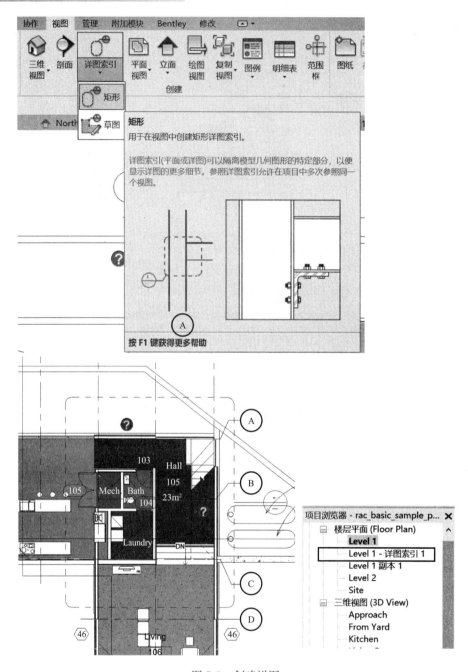

图 5-9　创建详图

2）深化视图

创建好视图后，可以使用"注释"选项卡中详图面板工具进行详图设置，如表 5-1 所示。

详图深化工具 表 5-1

工具类型	说明
 详图线	使用详图线，在现有图元上添加信息或进行绘制
 区域	遮罩区域：创建遮罩区域以在视图中隐藏图元。 填充区域：创建详图填充区域，并指定填充图案以表示各种平面
 构件	创建或载入各类自定义详图构件以放置在详图中
 云线批注	用于将云线批注添加到当前视图或图纸中
 详图组	用于创建详图组，或在视图中放置实例
 隔热层	在显示全部墙体材质的墙体详图中放置隔热层

5.3 渲染与漫游

5.3.1 场地

为项目添加地形表面、场地构件能够贴合实际、美化环境，使其在后期渲染漫游时更加真实。

1）添加地形表面

在"体量与场地"选项卡中点击"地形表面"，有两种创建方式。如图 5-10 所示，一是"放置点"方法，二是通过已有的 CAD 地形文件导入创建。以下主要介绍"放置点"方法：在项目周围的适当位置（左上角、右上角、右下角及左下角）连续单击，放置高程点，并预先设置好高程；退出放置高程点状态，在"属性"窗格中"材质"选项右侧的"浏览"按钮，打开"材质浏览器"对话框，在材质列表中选择"场地-草"选项，将其指定给场地表面。

(a) 体量和场地选项卡

(b) 地形表面选项卡

图 5-10　添加地形表面

2）创建场地道路

使用"子面域"工具可以为项目创建道路，"子面域"工具为场地绘制封闭的区域，并为这个区域指定独立材质的方式，以区分区域内的材质与场地材质，如图 5-11 所示。

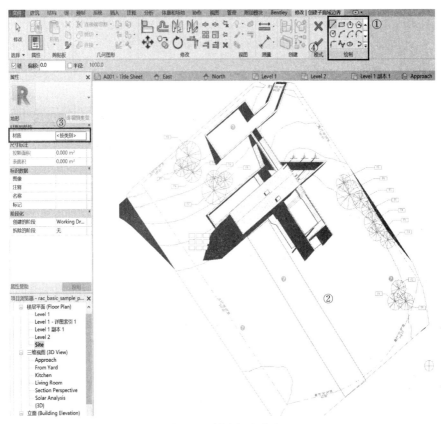

图 5-11　创建场地道路

3）场地构件

在"体量和场地"选项卡中选择"场地建模"面板中的"场地构件"工具，当项目文件中没有相关的场地族文件时，Revit 会提示现在是否需要载入。

5.3.2 渲染

Revit 可以生成使用"真实"视觉样式构建模型的实时渲染视图，也可以使用"渲染"工具创建模型的照片级真实感图像，如图 5-12 所示。

1）渲染三维视图的工作流程

（1）创建建筑模型的三维视图：如图 5-13 所示，在"视图"选项卡中选择"三维视图-相机"，在视图中合适的位置布置相机，并设置相机高度、视角等参数。

（2）指定材质的渲染外观，并将材质应用到模型图元。

（3）为建筑模型定义照明：如果渲染图像使用人造灯光，则将人造灯光添加到建筑模型中；如果渲染图像使用自然灯光，则定义日光和阴影设置。

（4）（可选）将以下内容添加到建筑模型中：植物、人物、汽车和其他环境、贴花。

（5）定义渲染设置。

（6）渲染图像。

（7）保存渲染图像。

(a) 使用"真实"视觉样式   (b) 使用"渲染"工具

图 5-12　Revit 模型效果图

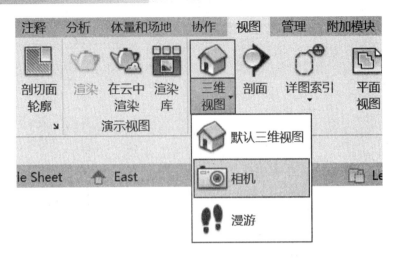

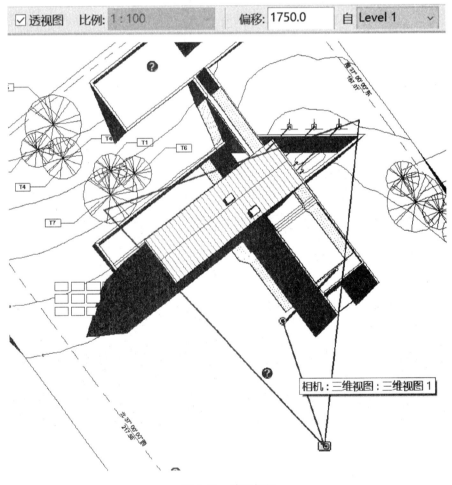

图 5-13　放置相机

2）渲染图像

（1）打开"渲染"对话框，如图 5-14 所示。

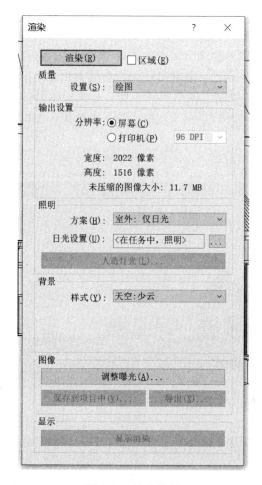

图 5-14 渲染设置

（2）定义要渲染的视图区域。

（3）在"渲染"对话框的"质量"下，指定渲染质量。需要注意，若需要向客户演示设计，通常需要一个高质量的渲染图像，但是生成很慢。若出于测试目的，则建议快速生成一个草图质量图像。

（4）在"输出"下，指定下列各项：

① 分辨率：要为屏幕显示生成渲染图像，请选择"屏幕"。要生成供打印的渲染图像，请选择"打印机"；

② DPI：在"分辨率"是"打印机"时，请指定要在打印图像时使用的 DPI（每英寸点数）。

（5）"宽度""高度"和"未压缩的图像大小"字段会更新，以反映这些设置。

（6）在"照明"下，为渲染图像指定照明设置，这里可以选择日光方案或者人造灯光方案。

（7）在"背景"下，为渲染图像指定背景，背景可以显示单色、天空和云或者自定义图像。注意创建包含自然光的内部视图时，天空和云背景可能会影响渲染图像中灯光的质量。此外，要获得更加漫射的自然光，建议使用更多云。

（8）（可选）为渲染图像调整曝光设置。如果知道要使用的曝光设置，可以立刻设置。否则，应稍等以观察当前渲染设置的效果，如果需要，应在渲染图像之后调整曝光设置。

（9）点击"渲染"按钮进行渲染，渲染效果见图 5-15。

(a) 渲染前

(b) 渲染后

图 5-15　渲染效果

5.3.3　漫游

沿设定的路径移动相机，即可创建建筑室内外漫游，动态展示设计的整体及局部细节，最后导出为.avi 文件或图像文件，该功能在"视图"选项卡中，如图 5-16 所示。

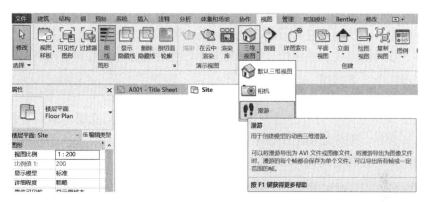

图 5-16　漫游功能

1）创建漫游路径

点击"漫游"按钮，出现图 5-17 所示的界面设置，类似渲染功能，此界面

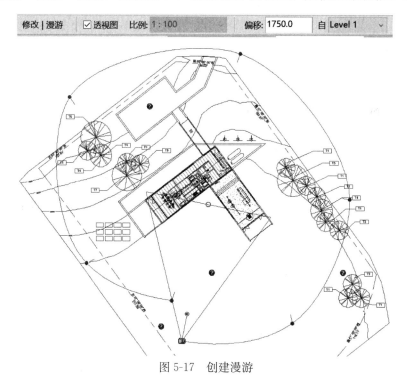

图 5-17　创建漫游

可设置透视图或正交三维图，默认勾选"透视图"，取消勾选则创建正交视图的漫游。"自"指定楼层标高，通过设定"偏移量"（默认 1750，代表人眼的高度）设定相机相对标高的高度。在设置路径的过程中，通过给不同关键帧设置不同的相机高度可创建上下楼梯的漫游。移动光标在图中创建一系列代表路径的关键帧位置，创建时不能修改位置，可以在创建完后修改。创建完毕，点击"完成漫游"完成路径创建。

漫游路径由帧和关键帧组成，关键帧是指可在其中修改相机方向和位置的可修改帧，红色圆点表示关键帧。默认情况下，漫游创建为一系列透视图，但也可以创建为正交三维视图。

2）编辑漫游

如图 5-18 所示，打开漫游视图和创建漫游路径的平面视图，而后在漫游视图中选择边界，则平面视图中显示路径，再选择"编辑漫游"进入编辑状态，主要通过以下工具进行编辑：

(a) 漫游视图

图 5-18　编辑漫游（一）

(b) 漫游设置界面

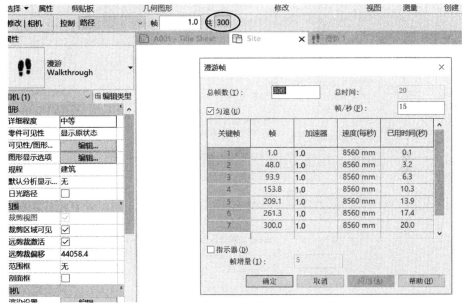

(c) 漫游帧设置对话框

图 5-18　编辑漫游（二）

（1）"上一关键帧"，将相机位置向后移动一关键帧；

（2）"上一帧"，将相机位置向后移动一帧；

（3）"下一帧"，将移动相机向前移动一帧；

（4）"下一关键帧"，将相机位置向前移动一关键帧；

（5）"播放"，将相机从当前帧移动到最后一帧，要停止播放，请单击进度条旁的"取消"或按 Esc 键。出现提示时，单击"是"。

切换至平面视图，选择"控制"选项为"活动相机"，可以设置相机的"远裁剪偏移""目标点位置""视图范围"等。

切换至平面视图，选择"控制"选项为"路径"，可以设置路径各关键帧的位置，为了方便调整高度，可以打开一个立面视图。

点击漫游帧（默认数值为300），可以调整"总帧数""帧速率"，取消勾选"匀速"，则可以在"加速器"（0.1～10）上调整速度。

3）导出漫游

打开漫游，在漫游视图中（图 5-19），选择"文件"→"导出"→"图像和动画"→"漫游"，进入参数设置对话框，主要设置如下：

(a) 导出漫游菜单

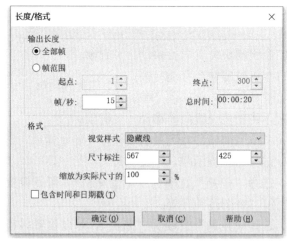

(b) 漫游动画设置

图 5-19　导出漫游

（1）"全部帧"，将所有帧包括在输出文件中；

（2）"帧范围"，仅导出特定范围内的帧。对于此选项，请在输入框内输入帧范围；

（3）"帧/秒"。在改变每秒的帧数时，总时间会自动更新。

设置完成后点击确定按钮，开始漫游动画的生成与导出，所需时间取决于帧的数量、视觉样式（动画质量）以及计算机性能。

第6章
Web-BIM

6.1 Web-BIM 与模型轻量化

随着互联网的快速发展，各行各业的资源都得到不同程度的共享，网络信息化逐渐成为各行业工作者的第一选择。以网络为途径，特别是在近年用户体验需求增长和 3D 虚拟现实技术兴起的条件下，对三维模型网页（Web）端显示的研究有了巨大的发展，呈现出从静态的、不能交互的模型展示转向动态呈现、实时交互模型的发展趋势，如图 6-1 所示。

工程项目中，需要工程模型有优秀的展示效果以及高效的用户交互，让不同身份的用户端能方便地浏览工程项目的空间三维效果、具体信息数据等，使工程项目信息能有更加通畅高效的流通途径，随着大数据、互联网＋的大力发展，传统的 BIM 从桌面端向 Web 端、移动端发展是必然趋势。BIM 的在线式应用研究越来越受关注。项目相关单位往往需要将 BIM 模型搭载到 Web 端，并在后端链接项目数据库，实现 Web-BIM 耦合，达到高质量信息传输的目的。

模型轻量化处理的核心工作就是最大化地去除冗余数据，利用 BIM 数据的拓扑关系、几何关系、结构特点等，主要从三方面进行：语义分析、几何重用去除和拉伸体参数化。其中语义分析是整个轻量化处理过程的重要手段，不仅能提高轻量化效率，还是多个子过程的必要组成步骤。整个轻量化预处理的首要步骤就是根据构件名称等语义信息，将场景解析后的构件分类，进而在每类构件内执行冗余数据的去除操作。

基于 Web3D 的 BIM 轻量化技术，除具备 BIM 的技术优点及应用外，还可以实现使用 Web 浏览器和移动设备的在线可视化显示和浏览，如图 6-2 所示。近年基于 Web3D 技术所建立的空间模型已经被各行各业广泛使用，在网页端展示三维模型的主要技术有 MI/XID、Cult3D、Java3D、Viewpoint、Shout3D、Blaze3D、Flash3D、Web GL、Unity3D、Web Max 等。VRML（Virtual Reality Modeling Language）技术需要在浏览器端安装专门的渲染插件才能实现三维模型浏览器端的展示，且编程接口复杂，如今流行的软件如 Unity3D 等都需要安装相应的渲染插件，插件的下载安装程序复杂繁琐，且存在浏览器兼容问题。相对于传统 BIM 需要昂贵的硬件支撑，Web GL（Web Graphics Library）技术以纯 JavaScript 脚本形式提供接口，免去了开发专用插件的麻烦，随着互联网的发展，已经成为很多行业的选择，被广泛应用在 Web 三维展示和交互中。Autodesk 公司也基于 Web GL 开发了"View and Data API"项目，后更名为"Forge"，该项目使用户可以通过 API 在浏览器中调用和查询上传到云端的 BIM 模型。国内也有擎曙软件、广联达等公司搭建了 Web-BIM 平台。

图 6-1　平台页面示意图

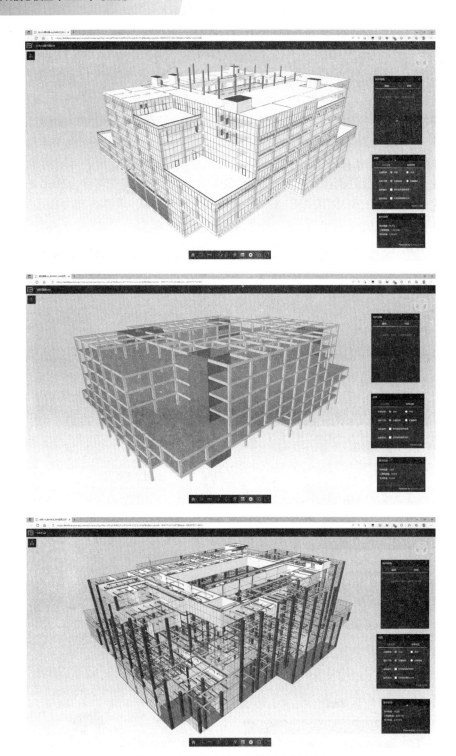

图 6-2　轻量化 BIM 模型 Web 端展示

6.2　Web GL 简介

Web GL 是一套 3D 绘图标准，该标准将 JavaScript 和 OpenGL ES 结合在一起，通过添加 OpenGL ES 的 JavaScript 绑定，这样就能使用原生浏览器语言 JavaScript 本身实现 Web 3D 交互。Web GL 借助 HTML5（Hyper Text Markup Language）的 Canvas 元素进行渲染，可以在网页上创建三维复杂场景与模型，同时 Web GL 可以为 HTML5-Canvas 提供硬件 3D 加速渲染。Canvas 元素是 HTML5 中最常用的元素，用于创建图形和动画，它在一定范围内减少了插件的使用，提高了浏览器运行效率。Web GL 可以运行在不同硬件之上的浏览器中，在保留 web 应用便利性的同时，添加了酷炫的 3D 功能。

基于 Web GL 的 API 已经开发出很多框架，主要包括 Three.js、GLGE、C3DL 等。有了 Three.js 库等的支持，Web 应用支持 3D 成为可能。但由于模型通常比较大、网络传输速度限制、大场景加载比较费时等，需要尽可能缩短加载时间，提升用户体验，目前主要通过模型压缩优化和后台多线程运行对 Web-BIM 进行优化。模型文件一般都比较大，在网络传输中耗费大量时间，所以建模时首先要尽可能精简模型，选取压缩比高的模型格式，例如.glTf、.glb 等，缩小模型文件。glTF 的 Draco 扩展是 Google 开源的 3D 图像压缩算法，用于压缩和解压 3D 几何图形，提高 3D 模型的存储和传输效率。Web Workers 则为浏览器在后台运行多线程提供了一种简单的方法，后台线程可以执行任务而不干扰用户界面主线程。利用这个特性，将加载模型过程和复杂计算移到后台线程中，不影响页面的加载，提升用户体验。

不同的框架使用流程大多相同，使用时都需对三维世界的基本元素进行定义。使用 Web GL 进行数字模型在 Web 端的三维可视化展示，需要处理若干组件：场景，对应实体空间，起到容纳的作用，所有的物体、相机、灯光等都需要放置在场景内部；相机，对应视线，主要有正交相机和透视相机，其目的是将三维空间里的物体模型映射到二维平面中，正投影中物体模型的大小与视点的距离无关，透视投影中物体模型的大小与视点的距离会呈现出近大远小的现象；渲染器，起到为不同对象渲染外观的作用；光源，对应的是现实世界的各类光，模拟现实中的环境光、平行光、点光、半球光等，使物体在场景中显示得更加真实的同时实现模拟不同环境下物体显示的效果；物体对应模型中的各类物体，含有形状和材质，多个组件将模型渲染到网页中。

基于 Web GL 进行轻量化模型构建时，需要首先创造模型，一般先在 BIM 相关软件中建立好三维数字化模型，导出成 three.js 能够识别的模型文件，然后由 three.js 内部实现网页端模型的重建与显示。例如，可以以 Revit 软件作为建模工具，构建各类子构件和子模型，建立构件库，生成子模型，建立模型模板库，模型建好后导出成 .fbx 格式。随后借助加载器导入模型，不同格式的模型对应不同的加载器。之后基于 Web GL 相关组件创建用户交互界面控制组件，个性化自定义模型查看页面。

6.3 常见的轻量化工具示例

6.3.1 Autodesk Forge

创建云端轻量化模型的主要流程包括：注册登录、身份验证、数据管理、页面展示等内容。

注册登录时进入 Autodesk Forge 的官方网站（图 6-3），点击在网站页面右上角"SIGN IN"按钮创建或者登录账户，创建新账户时，要留意 Autodesk 自动发送的验证邮件，确定后方可登录。在网页的右上方，点击个人头像展开菜单并点击"Applications"。如图 6-4 所示，点击"Create applications"按钮创建新项目。

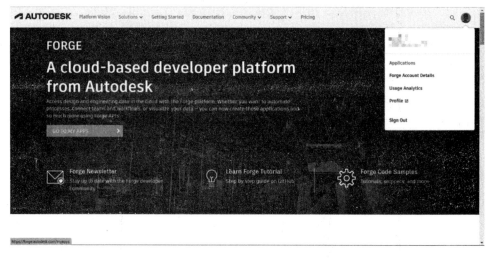

图 6-3　Autodesk Forge 网站登录后界面

如图 6-5 所示身份验证部分需要获取开发用的 Client ID（用户 ID）和 Client Secret（用户密码），基于它们生成具体访问指定范围权限的 Token（令牌），调用 API 时需将 Token 传递过去。输入项目名称并点击"Create"按钮（图 6-6）。接着，设置云端轻量化模型网页链接并选用所需 API 类型。最后，点击"Save change"按钮上传项目，完成项目链接搭建。

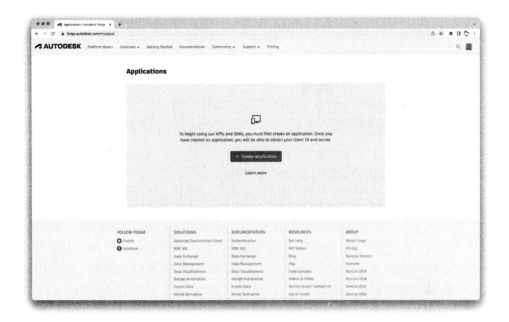

图 6-4　Autodesk Forge 项目创建页面

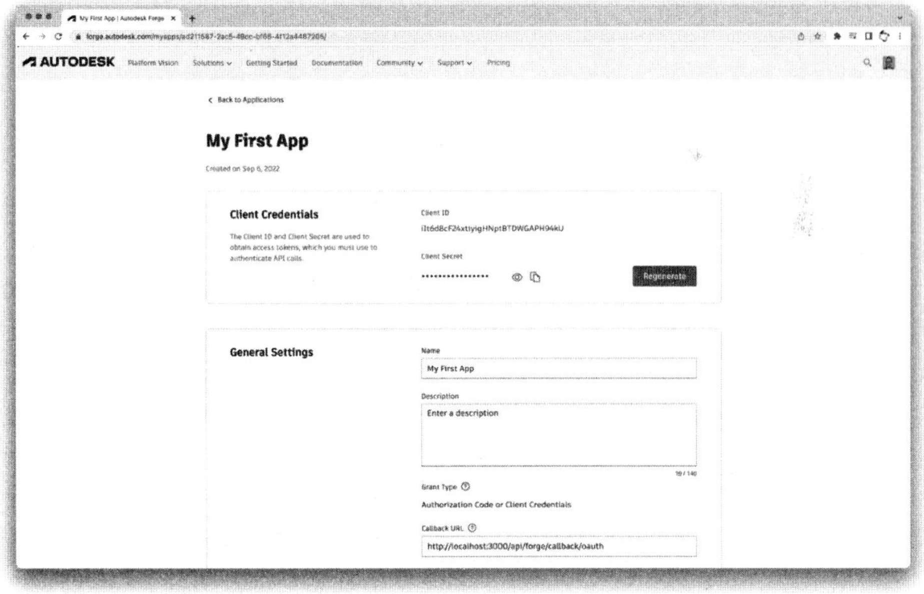

图 6-5　个人 ID 和特殊密码界面示意图

　　Forge 将数据存储在云端的 Bucket（存储桶）中。首先需要创建一个 Bucket，然后上传支持格式的模型文件，例如 .rvt，然后执行转换操作，将模型文件转换

137

图 6-6 输入项目名称

成 Forge Viewer 可以加载的数据格式。Forge 支持模型文件转化成 .svf 格式，.svf 格式文件记录了模型中使用到了哪些资源，通过它可以得知需要加载哪些文件，包括 .json、.jpg、.gz、.bin 等。

更多功能与使用方法请查阅 Autodesk Forge 官方文档。

6.3.2 广联达 BIMFACE 平台

广联达 BIMFACE 云端 BIM 轻量化模型搭建需要先在 Revit 等软件中创建模型，随后在 BIMFACE 平台创建项目，保存项目简要信息后上传 .rvt 等格式的模型，在广联达云端服务器上自动完成模型的解析与轻量化处理，生成项目 Token，在本地服务器上创建可视化交互页面并链接轻量化模型，如图 6-7 所示。

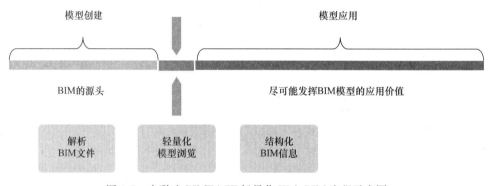

图 6-7 广联达 BIMFACE 轻量化 Web-BIM 流程示意图

首先需要在本地搭建模型（图 6-8），广联达 BIMFACE 平台默认支持的上传格式包括：.dwg、.rvt、.rfa、.dxf、.skp、.ifc、.dgn、.obj、.stl、.3ds、.dae、.ply、.igms、.dwf、.fbx、.nwd、.zip 等。

模型搭建完成后，在官网登录账号，在右上角头像处打开控制台，在项目管理中新建项目（图 6-9）。点击上传转换上传模型，上传成功后点击"发起转换"，原数字模型将在广联达云端服务器进行轻量化转换。转换类型包括两种：真实模式和着色模式。其中，真实模式对应 Revit 中的真实视觉样式，构件以材质外观来显示；着色模式对应 Revit 中的着色视觉样式，构件以材质的所着颜色来显示。

完成转换的模型自动生成"viewToken"（图 6-10），在本地服务器搭建可视化页面（可以使用 BIMFACE 官方示例代码，将完整示例代码中的"viewToken"值替换为项目轻量化模型的 Token 即可），在该页面链接轻量化模型。

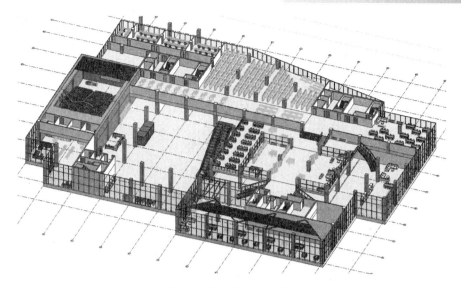

图 6-8　首先搭建本地模型

图 6-9　生成项目浏览

图 6-10　轻量化模型 viewToken

随后，打开链接对模型进行查看浏览、漫游、构建信息查看等操作，如图 6-11、图 6-12 所示。

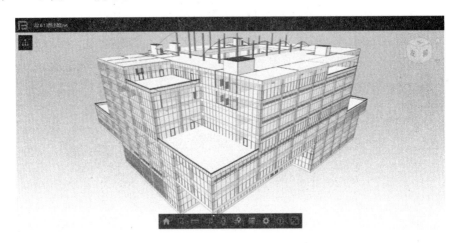

图 6-11 建筑轻量化模型浏览示意图

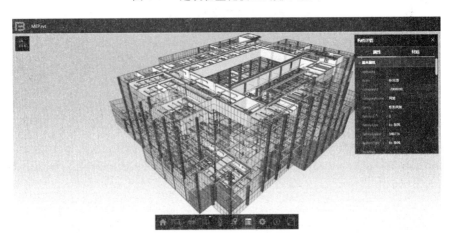

图 6-12 机电轻量化模型浏览示意图

第7章
BIM中点云技术的应用

7.1 数字孪生城市与点云技术应用

点云是分布在 N 维空间中的离散点集,其中最常用的为三维点云,它是对物体表面信息的三维采样,是对物质空间的离散化表示。点云数据的主体是离散点的三维坐标 x、y、z,除此之外根据传感器的不同还可以包括颜色、分类、强度、时间、梯度等信息。通过点云我们可以获取物体表面信息的数字化备份,从而在数字空间中构建现实事物的孪生形体。近年来,随着三维扫描技术和计算机图形学的迅速发展,点云的获取变得更加方便高效,点云及相关的技术被广泛应用于无人驾驶、逆向工程、数字城市、文物保护、地形测绘等领域。

数字城市这一概念于 20 世纪 90 年代被提出,指将城市地理信息和建筑、道路等其他城市信息相结合储存在计算机网络中,构建出的能够供用户访问的虚拟空间,为城市规划、智能交通、社区管理、灾害应急响应等创造了基础条件。而数字孪生是指充分利用物理模型、传感器更新、运行历史等数据,集成多学科、多物理量、多尺度、多概率的仿真过程,在虚拟空间中完成映射,从而反映相对应的实体装备的全生命周期过程。如果说数字城市提出了城市信息数字化的理念,数字孪生城市则旨在使构建起来的数字模型能实时反映建筑的运行状态,并基于现有状态在虚拟世界中进行推演,最终实现对现实世界的反馈。数字孪生城市就如同城市的镜子,物理世界中的参数通过传感器反馈到虚拟世界,管理者可以借助边缘计算、人工智能等手段分析城市运行情况并制定决策。随着仿真技术的不断发展,在掌握足够多城市数据的情况下,人们将能够同时观测到城市的过去、现在和未来。

数字孪生城市建设正在世界范围内如火如荼地开展,图 7-1 为澳大利亚新南威尔士州政府建立的悉尼西部地区数字孪生项目，该项目目前已经包括了 2200 万棵带有高度和树冠属性的树木、54 万多座建筑、近 2 万公里的三维道路和 7000 幅三维地层图，可以有效地帮助基础设施建设者在项目实施前进行合理的数字化规划，并促进区域经济活动。河北雄安新区是国内首个依照"数字孪生"理念设计的地区，其在规划建设阶段构建了图 7-2 所示的 BIM 规划管理平台，针对城市全生命周期的"规、建、管、养、用、维"六个阶段，在国内率先提出了贯穿数字城市与现实世界映射生长的建设理念与方式。

图 7-1　悉尼西部地区数字孪生项目

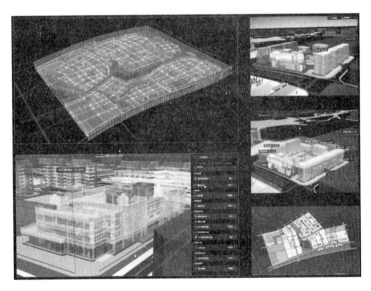

图 7-2　雄安新区 BIM 规划管理平台

　　在数字孪生城市建设中，首要的一步是形成建筑的数字模型，这需要大量的建筑数字模型资产。由于模型量巨大，人工正向建模耗时长，模型精度难以保证。近年来，三维扫描技术的应用大大提高了数字模型资产的建模效率，其通过对真实场景进行激光扫描获得物体表面的高密度、高精度点云，扫描精度多数可以控制在厘米级。三维扫描技术具有广泛的适用性，对于单栋建筑，使用站式激光扫描仪能够获取建筑室内外的多层次形状信息，如图7-3所示，大至建筑的空间形态，小至建筑表面的浮雕纹理，都可以被三维扫描技术精确捕获。而对于大范围地物而言，使用无人机搭载激光雷达可以大面积采集地物的集合信息，如图7-4所示，在后处理中可以使用点云算法快速建立起精确的地物模型。

图 7-3　基于三维扫描技术的单体建筑扫描

图 7-4　基于三维扫描技术的大范围地物扫描

　　BIM是数字孪生城市的关键技术之一，点云为BIM提供了一种高效的数据获取手段，基于三维点云数据构建的 BIM 模型能够非常真实地呈现地物的世界状态，目前点云＋BIM 技术主要有以下几个方面的应用：

1）古建筑保护

考虑到古建筑往往缺少设计图纸，且文化内涵丰富，传统二维测量方式能够获取的信息有限，常常需要进行三维扫描。通过三维扫描技术，可以精确地采集和记录古建筑的几何信息和非建筑几何信息（位置及地物关系、构件尺寸、材料等），对古建筑的墙面、门窗、梁柱等构件做到数据化、标准化的建档管理，能够详尽地掌握文物的状态（变形、偏离、破裂等），方便日常的维护与修缮工作。在巴黎圣母院的重建过程中，研究人员早期记录的激光扫描点云数据便发挥了重要的作用，该数据囊括了大教堂内外的 50 多个地点，共包含超过 10 亿个数据点，如图 7-5 所示，详细地记录了这座哥特式教堂的建筑细节，目前已向公众开放获取。

图 7-5　巴黎圣母院三维扫描点云图

2）工程质量检测与管理

工程建设前，由三维数据构建施工现场 BIM 模型，为工程的设计提供精确、可靠的实地数据，保证设计的科学性与合理性，并且能在进场施工前就安排好工地布局，最大限度地减少对周边环境的影响。工程建设完毕后，将完成的三维建筑模型与设计的标准模型进行比对，以实现对建筑物的精确验收。上海迪士尼乐园在建成后便采用三维激光扫描技术进行验收，将点云数据与设计原模型对比，进行偏差分析，以保障工程质量。

3）老旧建筑改造

在建筑物体改造和装修过程中，可以利用点云数据建立的 BIM 模型进行可视化设计，并结合 VR 和 AR 技术，实时呈现改造或装修效果，方便制定相应的改造计划。建筑物中某个门的样式等精细信息都能详尽记录和管理，如图 7-6 所示。

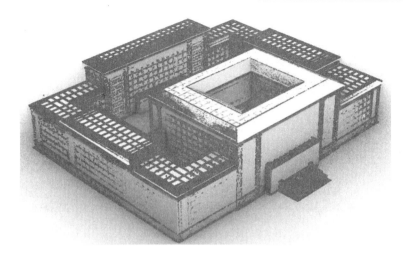

图 7-6 基于点云数据的建筑模型重建

4）建筑变形监测

在建筑物变形监测中，传统的方式是在建筑不同位置埋置多个位移传感器，但该方式的可靠性依赖于埋设的点位和数量，且无法获取全面的结果。而三维激光扫描仪可以对建筑物进行全方位的测量，从而获得高精密度的观测数据。比如在施工现场的幕墙体系、钢结构体系中，运用三维激光扫描技术能够有效检测其变化范围和量级，起到高精度的变形监测效果。

7.2 点云数据的常见获取方式

7.2.1 基于 LiDAR 的点云数据获取

LiDAR 的全称是 Light Detection And Ranging，意为激光探测与测距系统，一般我们用其代指激光雷达，这是一种用于主动获取地表地物表面信息的测量系统。激光雷达的基本测距原理为，从棱镜中发射并接受激光，根据测量信号的传播时间计算扫描仪与目标点间的距离。LiDAR 技术最早由美国国家航天局（NASA）于 20 世纪 70 年代用于海洋领域，进行水深与海底地貌的测量，近年来 LiDAR 技术才在民用领域大规模商业化应用。比较知名的激光雷达外国厂商包括 Leica、Optech、Riegle、Faro、Trimble 等，国内厂商包括大疆、数字绿土、海达数云等。虽然激光雷达具有高精度特性，但由于其目前还比较昂贵，应用者主要为企业和高校。当前激光雷达系统主要有图 7-7 所示的三种形式。第一种是手持式激光雷达，其体型小巧，机动性强，可以很好地适用于小空间、狭窄区域的三维扫描；第二种是站式激光雷达，需要固定在地面的三脚架上才能运行，适用于对精度有较高要求的大空间三维扫描；第三种是机载激光雷达，常使用无人机搭载，其优势在于可以无障碍地从空中获取大范围的地表地物信息，快速高效地生成所需要的数字成果，已经在林业、水资源、地质勘测和智慧城市等多个领域得到应用。

(a) 手持式激光雷达　　　　　　(b) 站式激光雷达　　　　　　(c) 机载激光雷达

图 7-7　激光雷达系统主要形式

机载 LiDAR 系统的工作原理与它的三大组件密切关联，分别是激光发射器、全球定位系统（GPS）和惯性导航系统（INS）。LiDAR 系统的正常工作需要以上三者紧密配合，通过激光器得到发射点与反射点间的距离 d，利用 GPS 得到激光器空间坐标 (x, y, z)，利用惯导得到飞机姿态参数，即倾斜角 θ、航向角 k 和侧滚角 ω。目标点坐标的计算原理如图 7-8 所示，其主要思想是在激光器坐标上叠加目标点坐标增量。坐标增量通过综合飞机姿态参数和激光器测距结果，根据三角几何关系计算得到。在无人机飞行过程中，系统通过每秒高达数万次的扫描，便能得到高密度的目标物点云。

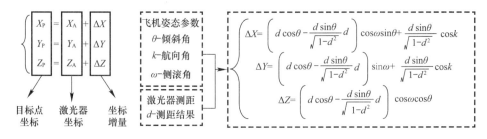

图 7-8　机载 LiDAR 系统目标点坐标计算原理

在机载激光雷达测量完毕后，往往只有各个时间点下激光发射器、GPS、INS 的独立数据，因此在进行内业数据后处理前，需要进行点云解算，点云解算过程便是对前述数据的耦合和计算原理的实践。不同激光雷达品牌都有各自独立的点云解算软件，如大疆的 DJI Terra、数字绿土的 LiGeoreference 等。经过解算后的点云能够以不同格式输出，其中应用最广泛的格式为 .las，其提供了一种开放的格式标准，允许不同的硬件和软件提供商输出可互操作的统一格式，被绝大多数点云后处理软件所支持。

图 7-9 展示了将 DJI L1 激光雷达的扫描数据输入 DJI Terra 解算后得到的点

云成果，其平面范围约为 $0.78\mathrm{m}^2$，包含约 2.54 亿个点，平均表面密度达到约 325 点/m^2。

图 7-9　DJI Terra 界面与点云解算结果

7.2.2　基于多视图的点云数据获取

激光扫描并非获取点云数据进行三维重建的唯一途径，同为非接触式测量技术的摄影测量也能实现对物体表面所处位置的估计，并根据估计结果生成点云。摄影测量中，通过几何的方法，通过若干幅二维图像恢复三维物体的技术被称为多视图几何，其理论基础包括针孔相机模型、对极几何、特征点提取等。简要来说，它的基本原理是从两个或多个视图观察同一景物，获得多个在不同角度对景物的感知图像，提取图像特征点并运用三角测量的基本原理计算图像像素间位置偏差，进而获取景物的三维深度信息。

运动结构恢复（Structure from Motion，SfM）是一种基于多视图几何基本原理的三维重建技术，其旨在利用一系列包含视觉运动信息的二维图像或视频序列，恢复摄像机的运动信息，以及重建三维场景点云模型。SfM 包含三种主要策略，增量式、全局式和层级式，增量式即先选出两张影像进行初始化，接着一张张图像进行配准，使用五点算法和三角定位法估计摄像机的相对位置，回溯二维特征点在三维空间中的具体位置，从而实现点云模型的匹配重建；全局式即一次性将所有的影像进行配准与重建，一次性匹配所有图像的特征点，虽然具有更高的效率，但也损失了一定的精度；层级式则介于二者之间，其先将图像进行分组，对每组进行配准，再对上一步的结果进行配准重建。目前增量式策略应用最为广泛。

　　使用 SfM 方法重建得到的点云对应着每一幅图像中的特征点，但由于特征点数目有限，所得的点云常较为稀疏，只能从中了解被观测物的大致轮廓，因此这一过程被称为稀疏重建，如图 7-10 所示。当前多使用多视角立体视觉（Multi View Stereo，MVS）根据稀疏点云重建结果，对照片间的每一个像素点继续进行匹配，最后获得被观测物的稠密点云，这个过程被称为稠密重建。

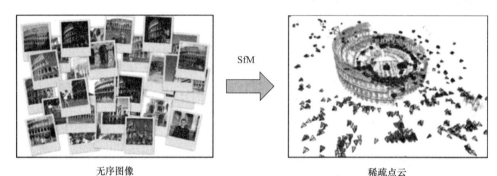

无序图像　　　　　　　　　　　　　　　　　　稀疏点云

图 7-10　SfM 方法示意图

　　接下来我们将基于 COLMAP 工具展示使用多幅图像进行三维重建的基本流程。COLMAP 是一款结合 SfM 和 MVS 的三维重建开源工具。它包括如图 7-11 所示的双系统免编译版本和源码版本。本次示例基于 Windows 系统的免编译版本。

COLMAP-3.7-mac-no-cuda.zip	67.7 MB	31 Jan 2022
COLMAP-3.7-windows-cuda.zip	129 MB	27 Jan 2022
COLMAP-3.7-windows-no-cuda.zip	47 MB	27 Jan 2022
Source code (zip)		26 Jan 2022
Source code (tar.gz)		26 Jan 2022

图 7-11　COLMAP 版本列表

　　解压从 COLMAP 官网下载得到的安装包，进入解压文件夹可以看到如图 7-12 所示的文件列表，双击 COLMAP.bat 可打开软件的图形用户界面。

名称	修改日期	类型	大小
bin	2022/01/26 18:08	文件夹	
lib	2022/01/26 18:13	文件夹	
COLMAP.bat	2022/01/25 21:11	Windows 批处理...	3 KB
RUN_TESTS.bat	2022/01/25 21:13	Windows 批处理...	2 KB

图 7-12　COLMAP 文件列表

本次三维重建所使用的照片来自 eth3d 数据库，该网站提供了多种高分辨率多视图图像，我们选取其中一个庭院的多视图图像进行三维重建，如图 7-13 所示。

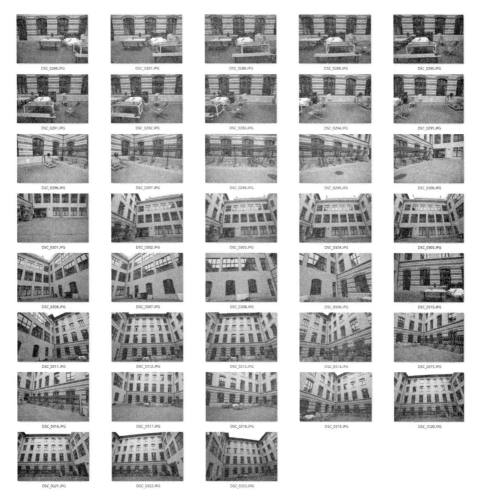

图 7-13　三维重建所使用的示例图像

图像下载并解压后，便可以开始三维重建流程，在 COLMAP 软件中的操作可以分为以下几个步骤：

1）文件准备与项目新建

首先，我们需要准备几个目录，第一个是包含原始图像的目录，命名为 images；第二个则是 COLMAP 工程的目录，命名为 Scan1。之后新建项目，点击"file"，再点击"New Project"，弹出"Project"窗口，点击"New"新建工程文件，将该工程文件保存在 Scan1 目录下，并点击"Select"选择场景原始图片所在的目录。最后，点击"Save"保存，如图 7-14 所示。

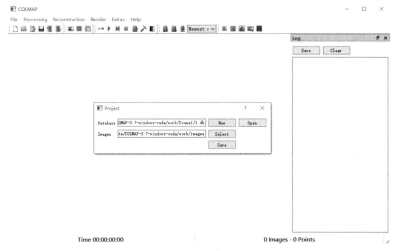

图 7-14　新建项目

2）特征提取

点击"Processing"中的"Feature Extraction"，弹出选择窗体，只需要将其中的相机模型选择为"Pinhole"模型即可，其他默认参数可以不变。一般从相机中采集的影像是携带有 EXIF 信息的，所以这里需要选上"Parameters from EXIF"，意思是从 EXIF 中提取相机内参数。之后，点击"Extract"即可进行特征提取，如图 7-15 所示。

3）特征匹配

点击"Processing"中的"Feature Matching"，弹出选择窗体。同样，这里面的参数都可以选择默认的参数，然后点击"Run"，即可进行特征匹配，如图 7-16 所示。

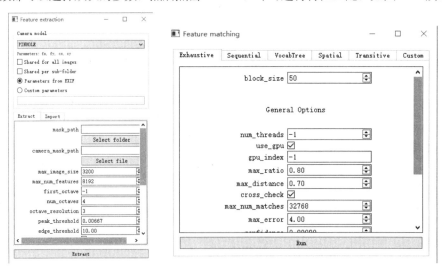

图 7-15　特征提取　　　　　　　　　图 7-16　特征匹配

4）增量式重建

如图 7-17 所示，点击"Reconstruction"中的"Start reconstruction"进行一键式重建，整个过程将会自动进行增量式重建，我们可以从右侧的 Log 框内查询当前状态。结束后，就可以获得目标场景稀疏点云和各个视角的相机姿态。

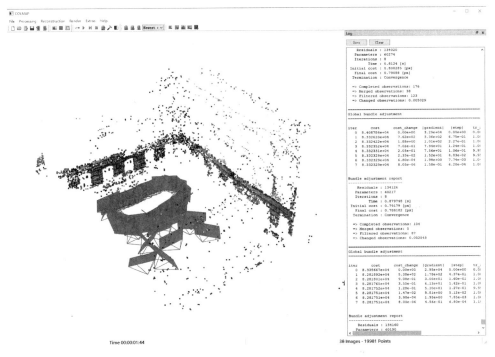

图 7-17　增量式重建

5）深度图估计与优化

如图 7-18 所示，点击"Reconstruction"中的"Dense reconstruction"，弹出稠密重建窗口，并点击"Select"选择生成文件存放的目录，这里存放在 ./Scan1/ 中，之后即可点击"Undistortion"去除图像畸变。去除完成后，即可点击"Stereo"进行场景深度估计（由于需要对所有图像的像素点开展计算，故这一步耗时最长）。COLMAP 会利用光学一致性同时估计视角的深度值和法向量值，并利用几何一致性进行深度图优化。深度估计结束后，点击"Depth Map"和"Normal Map"，即可得到对应视角的深度图和法向量图，如图 7-19 所示。

6）稠密重建

同样在"Dense reconstruction"界面下，点击"Fusion"进行基于深度图融合的稠密重建。该过程首先通过配准进行深度图融合，然后按照投影方法进行点云恢复，得到最终的稠密点云。

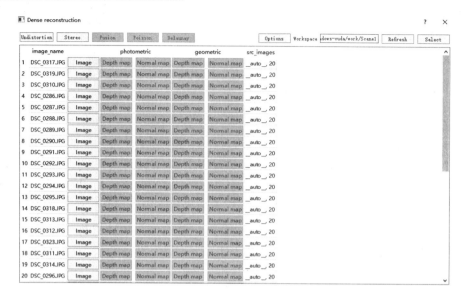

图 7-18　深度图估计

图 7-19　深度图与法向图

基于上述操作得到点云后，软件会根据点云生成 .ply 格式的几何三角网面，该网面可以导入 MeshLab 等几何编辑软件中进行杂面处理、孔洞补全、纹理映射等操作，进而得到更完整的三维重建成果。

COLMAP 软件具有轻量化、可控参数多、操作便利等优点，与其相似的开源程序还有很多，例如 MVE、VisualSFM、MeshRecon 等，但由于这些软件自身的优化往往不足，对于处理照片的数量有一定限制，重建结果也不够稳定，适合用于进行小输入量的算法实验（图 7-20），不适用于大输入量下的大范围三维重建。对于后者，市面上已经出现了许多功能强大且稳定的摄影测量软件，例如 Pix4D、ContextCapture、PhotoScan 等，它们可以用于从上千张无人机摄影影像中还原真实地物信息，生成精细的点云和表面模型，可以直接应用于 BIM 项目中。图 7-21 是使用 Pix4D 软件处理得到的中山大学珠海校区新体育馆周边地物的点云和表面模型。

图 7-20 稠密重建

图 7-21 Pix4D 处理得到的点云和表面模型

7.3 三维点云数据处理方法

7.3.1 点云空间索引结构——KDtree 与 OCtree

点云数据的本质是表征目标表面采样坐标的离散点几何，其在空间上的分布是离散的，点数据排列的顺序并没考虑它们之间的空间拓扑关系。在点云数据处理过程中，如果使用遍历的方法去检索点云中的每个点，则计算复杂度会过高，大大降低数据处理效率。因此点云数据处理最基本的方式就是通过空间索引结构建立离散点之间的拓扑关系，以实现基于邻域关系的点云快速检索。当前比较具有代表性的空间索引结构包括 BSPtree、KDtree、KDBtree、OCtree、Rtree、CELLtree 等。这一类树状结构的优点是将大量数据的递归问题转化为多个树节点处的条件判断问题，大大降低了点云索引复杂度。其中，KDtree 和 OCtree 的应用较为广泛。

1）KDtree

KDtree 即 k 维树，其本质是一种二分查找树。如图 7-22 所示，KDtree 包含多级结构，从一个根节点即所有点云出发，每一级都在指定维度上将上一级节点的点云一分为二，如此不断向下划分，直至子节点只包含一个点元素。需要说明的是，前述指定维度一般在 x、y、z 三维中选择，且优先选择点云分布最分散，即坐标方差最大的维度进行分割。

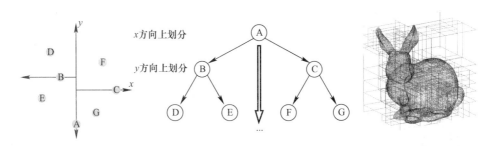

图 7-22　KDtree 示意图

2）OCtree

OCtree 即八叉树（图 7-23），其通过循环递归的划分方法对大小为 $2n \times 2n \times 2n$ 的三维空间的几何对象进行剖分，从而构建一个具有根节点的方向图。八叉树的每个节点都表示一个正方体的体积元素，每个节点有八个子节点。为了防止

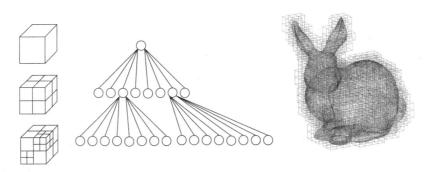

图 7-23　OCtree 示意图

节点无限划分，在八叉树中规定：若被划分的子节点与父节点包含的几何对象相同，则该节点停止划分。故在八叉树中，在点云密集区域的区域细分程度会高于点云稀疏区域。

7.3.2 常用点云数据处理手段

1）点云滤波

在获取点云数据时，受到设备精度、操作熟练度、环境等因素的影响，原始采集的点云数据难以避免地会包括一些噪声点甚至是离群点，这些点会对后继的点云处理造成较大影响，因此需要使用滤波器对点云进行处理。滤波的本质是对原始点云中满足特定条件的点进行筛选并调整。以下为需要进行点云滤波操作的情况：

（1）点云数据密度不规则需要平滑；

（2）因为遮挡等问题造成的离群点需要去除；

（3）原始点云数据量过大，需要降采样；

（4）噪声点需要去除。

点云的主要滤波方法有：双边滤波、高斯滤波、条件滤波、直通滤波等。上述滤波方式共同点是：通过局部计算的方式，获取一个相应值，之后根据响应值调整点云，如调整位置、保留或删除点。当所有滤波方法都达不到要求时，通常需要联合使用多种滤波方式。表7-1简要介绍了不同滤波方式的原理及特点。图7-24是点云滤波对噪声点的处理效果。

不同滤波方式简介　　　　　　　　　　　　　　　　　　　　表 7-1

滤波方式	简介
直通滤波	根据点云的属性（如坐标，颜色值等），在点的属性上设置范围，对所有点指定维度方向上进行滤波，保留范围内的或保留范围外的点
条件滤波	根据点云的属性，一次可以对多个轴的范围划定限制，允许自由地添加和组合 x、y、z 三个坐标轴方向的范围限制
体素滤波	一种降采样滤波方式，通过输入的点云数据创建一个三维体素栅格，然后将每个体素内所有的点都用该体素内的代表点（重心）来近似，从而达到下采样的效果
统计滤波	一种用于滤除点云内离群点的滤波方式，其对每一个点的邻域进行统计分析，计算它到所有相邻点的平均距离。假设得到的结果符合某一统计分布，那么平均距离在该分布的标准范围之外的点，可以被定义为离群点并从数据中去除
高斯滤波	一种用于点云去噪的滤波方式，基于高斯核的卷积滤波实现，对整个点云进行加权平均。每一个点的值，都由其本身和邻域内其他点值经过加权平均后得到
双边滤波	一种用于点云去噪的非线性滤波方式，可以在对点云进行平滑的同时保持点云边线清晰，有利于计算准确的法线。双边滤波的实现需要利用强度字段

2）关键点提取

关键点是点云中可以通过一定的检测标准来获取的具有稳定性、区别性的点集。一个点云中的关键点数量要远远小于实际点数，其与局部特征描述子组合形成关键点描述子，常用来形成原始数据的紧凑表示。由于其不失代表性与描述性，因此可以加快后续识别、追踪等数据处理速度。常用的关键点包括 NARF 关键点、Harris 关键点和 SIFT 关键点，以下主要介绍后两者。

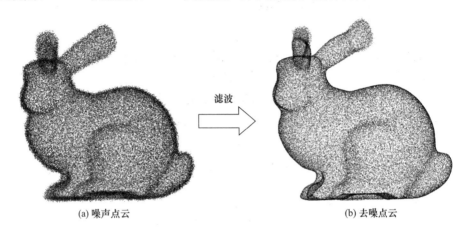

(a) 噪声点云　　　　　　　　　　　　　　　　(b) 去噪点云

图 7-24　点云滤波效果图

（1）Harris 关键点

Harris 关键点检测算法于 1988 年由 Chris Harris 和 Mike Stephens 提出，也称为 Plessey 关键点检测算法，是早期的一种经典关键点检测算法。Harris 关键点检测通过计算图像点的 Harris 矩阵和矩阵对应的特征值来判断是否为关键点。若矩阵的两个特征值都很大，则该点为关键点。

（2）SIFT 关键点

SIFT 即尺度不变特征变换（Scale Invariant Featuretransform，SIFT），是最初用于图像处理领域的一种描述。这种描述具有尺度不变性，可在图像中检测出关键点（图 7-25），是一种局部特征描述子，后来被引入 3D 点云领域用于关键点的检测。

图 7-25　点云 Harris 关键点检测效果图

3）点云特征描述与提取

3D 点云特征描述与提取是点云信息处理中最基础也是最关键的一部分。点云的识别、分割、重采样、配准曲面重建等处理的大部分算法，都严重依赖特征提取的结果。从尺度上来分，点云特征可以分为单点特征、局部特征和全局特征，例如局部的法线等几何形状特征表述，全局的拓扑特征描述，都属于 3D 点云特征描述与提取的范畴。点云特征种类多样，如图 7-26 所示，从单点特征来看，其中包括三维坐标、回波强度、法线方向、主曲率和两个特征值；从局部特征来看，包括各种几何特征描述子，例如 PFH、RSD、3DSC、SHOT、Spin image、RIFT 等；从全局特征来看，包括 VFH、ESF、GFPFH、GRSD 等。

3D descriptors

Name	Type	Size[†]	Custom PointType[††]
PFH (Point Feature Histogram)	Local	125	Yes
FPFH (Fast Point Feature Histogram)	Local	33	Yes
RSD (Radius-Based Surface Descriptor)	Local	289	Yes
3DSC (3D Shape Context)	Local	1980	Yes
USC (Unique Shape Context)	Local	1960	Yes
SHOT (Signatures of Histograms of Orientations)	Local	352	Yes
Spin image	Local	153*	No
RIFT (Rotation-Invariant Feature Transform)	Local	32*	No
NARF (Normal Aligned Radial Feature)	Local	36	Yes
RoPS (Rotational Projection Statistics)	Local	135*	No
VFH (Viewpoint Feature Histogram)	Global	308	Yes
CVFH (Clustered Viewpoint Feature Histogram)	Global	308	Yes
OUR-CVFH (Oriented, Unique and Repeatable Clustered Viewpoint Feature Histogram)	Global	308	Yes
ESF (Ensemble of Shape Functions)	Global	640	Yes
GFPFH (Global Fast Point Feature Histogram)	Global	16	Yes
GRSD (Global Radius-Based Surface Descriptor)	Global	21	Yes

图 7-26　常见点云特征描述子

4）点云配准

在逆向工程、计算机视觉、文物保护等领域中，点云往往是分阶段采集的，可能导致不同阶段采集数据存在旋转错位和平移错位。因此需要使用点云配准手段将局部点云拼接为完整点云。在点云配准中，其核心问题是确定一个合适的坐标变换，进而将从各个视角得到的局部点云归并到一个统一的坐标系下，形成一个完整点云。点云配准包括手动配准与自动配准。手动配准即在两组点云间选择三个或三个以上配准点，通过所选点的坐标计算变换矩阵，实现两组点云间的配准；自动配准是通过一定的算法或统计学规律，利用计算机计算两组点云间的错位，从而达到两组点云自动配准的效果。

如图 7-27 所示，点云配准可以分为两步，首先是粗配准，其主要是在两幅点云之间的变换完全未知的情况下进行较为粗糙的配准，目的是为精配准提供较好的变换初值；其次是精配准，在粗配准的基础上优化，得到更精确的变换。

粗配准主要是基于前述的局部特征描述子完成的，其大致流程为：关键点提取—建立关键点局部特征描述子—获取匹配点对—通过匹配点对构造变换矩阵，完成粗配准。

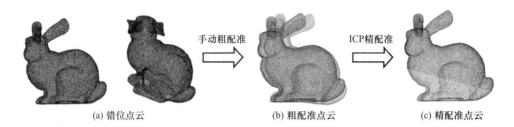

(a) 错位点云   (b) 粗配准点云   (c) 精配准点云

图 7-27　点云配准效果

在精配准中，迭代最近点（Iterative Closest Point，ICP）配准算法是当前应用最广泛的精配准算法之一，其计算流程如下：对于源点云 P 中的一点而言，假设其与目标点云 Q 中距离最近的那个点形成对应点关系，通过这一假设，我们可以得到式（1）、（2）的对应点集合。

$$P = \{p_1, p_2, \cdots, p_n\} \tag{1}$$

$$Q = \{q_1, q_2, \cdots, q_n\} \tag{2}$$

由于此时的对应点只是假设出来的，因此两组点集间必然无法严格地满足式（3）的坐标转换关系，故此时需要采用最小二乘法估计旋转矩阵 R 与平移矩阵 t。随后，根据估计得到的 R 和 t，将点集合 P 代入式（3），得到一组新的点集 P_2。

$$\forall i, q_i = Rp_i + t \tag{3}$$

基于新点集 P_2，继续通过最近点假设构建立其与目标点云 Q 的对应点集合；并估计得到新的变换矩阵，再使用该变换矩阵去计算新的点集 P_3。重复上述两个步骤，直至计算得到的点集 P_n 与目标点集 Q 之间的均方误差（Root Mean Square Error，RMSE）达到收敛。

5）点云曲面重建

在很多情况下，点云并不是一种能直接被应用的数据格式，某些功能需要将点云模型转换为表面模型甚至是实体模型才能实现。例如我们要生成某一块区域的数字地表模型并导入虚幻引擎或 Unity 中进行可视化，或是需要根据点云测量结果进行某一个区域的风场光照分析，甚至是进行建筑结构的力学性能分析，这些都依赖于 .ply、.obj、.stl 等连续化的表面几何文件和在此基础上形成的实体几何文件。当前，主流的点云曲面重建算法包括凸包（Convex Hull）算法、贪婪投影三角化算法、滚球法（Ball Pivoting）、移动立方体（Marching Cubes，MC）算法和泊松重建算法等。图 7-28 中展示了使用不同算法的点云曲面重建结果。

7.3.3　常用点云处理工具

当前常用于处理 3D 点云的工具包括商业软件、开源软件和代码库。商业软件的优点在于功能完善成熟、算法稳定，对大量点云的适用性好。最著名的是基于 MicroStation 平台开发的 TerraSolid，其主要是针对机载雷达数据进行处理，该软件除了具有完善强大的点云可视化、管理和分类功能外，还具有如图 7-29 所示的建筑矢量化和电力线处理两个特色功能。在建筑矢量化中，软件可根据点云在大范围上自动生成建筑物的 LOD2 级 3D 矢量模型，且提供手动检查和修复工具集以创建更加准确和高质量的建筑模型；在电力线处理中，软件包含用于电力线导线自动矢量化，塔模型手动放置以及标注、报告和危险对象分析的工具集。其余商用软件还包括 Realworks、Cyclone、Pointtools、Orbit Mobile Mapping 等，它们的基本情况如表 7-2 所示。

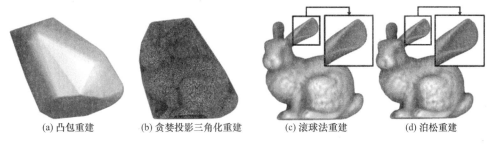

(a) 凸包重建　　(b) 贪婪投影三角化重建　　(c) 滚球法重建　　(d) 泊松重建

图 7-28　不同算法下点云曲面重建结果

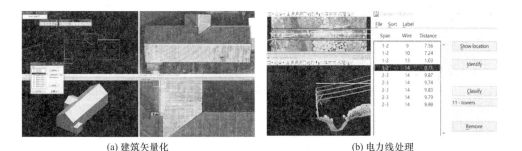

(a) 建筑矢量化　　　　　　　　　　(b) 电力线处理

图 7-29　Terrasolid 特色功能

常用点云处理工具简介　　　　　　　　　　　　表 7-2

名称	性质	开发者/开发语言	介绍
TerraSolid	商用软件	TerraSolid	基于 MicroStation 平台开发的针对机载点云数据进行处理的软件平台，具有强大的矢量化功能
RealWorks	商用软件	Trimble	拥有全自动配准功能，内含的建模模块可以实现半自动化快速三维模型成果提取，能够与 Sketchup 联机自动建模

名称	性质	开发者/开发语言	介绍
Cyclone	商用软件	Leica	综合应用性强，具有拼接模块、基础模块、测量模块、建模模块、服务器模块、发布与可视化模块等
PointTools	商用软件	Bentley	具有领先的点云引擎 Pointools Vortex，可支持包含数十亿点的大型点云
CloudCompare	开源软件	C++	支持基于插件的扩展机制。可拔插操作，可二次开发与源程序互不影响。富有活力，经常更新
OPALS	开源软件	C++，python	学界内知名，可支持几乎任何一种激光雷达数据，处理效率高
LAStools	开源软件	C++	国际知名度高，分模块，部分模块开源，底层 IO 库、压缩库都开源
PCL	代码库	C++	模块化 C++ 模板库。功能完善，包括多个点云处理模块；处理效率高，可进行并行计算；支持多系统，方便程序移植。但安装编译较复杂，不适合新手
Open3D	代码库	Python，C++	后端使用 C++ 实现，经过高度优化并通过 Python 的前端接口公开。是功能较为完善的开源库，包括 IO、几何、相机、里程计、积分、可视化等模块
Computer Vision Toolbox& Lidar Toolbox	代码库	Matlab	对使用者友好，但点云处理函数较为有限

开源点云处理软件包括 CloudCompare、OPALS、LAStools 等，它们的优势一方面在于轻量化、操作直观，且储存空间占用少；另一方面在于提供了二次开发接口，使用者得以在原有软件平台的基础上开发新的功能，为使用者提供了充分的处理自由。以开源软件 CloudCompare 为例，它支持基于插件的扩展机制，可进行插件的拔插操作，且二次开发插件与源程序互不影响，通过不断更新插件内容以实现软件功能的优化完善，图 7-30 是官方采纳的一些插件。

基于常见的开发语言，有许多用于点云处理的代码库。包括基于 C++ 语言的 PCL 点云库、基于 Python 语言的 Open3D 库，以及使用 Matlab 代码编写的 Computer Vision 和 Lidar 工具箱。代码库中内置许多点云处理函数，使用者可根据实际需求编写自己的点云处理程序。其中 PCL 库至今被认为是最完善的点云处理库，其在点云处理中的地位与 OpenCV 在 2D 图像数据处理中的地位相当。它实现了大量点云相关的通用算法和数据结构，并提出了 .pcd 文件格式，其支持 n 维点类型扩展机制，可以更好地发挥 PCL 点云处理性能。PCL 库由多个模块组成，其中包括点云 IO、滤波、分割、配准、检索、特征提取、识别、追踪、曲面重建、可视化等。它也支持多种操作系统，包括 Windows、Linux、Android、Mac OS X 等。图 7-31 展示了 PCL 点云库的架构图。

图 7-30 CloudCompare 插件工具

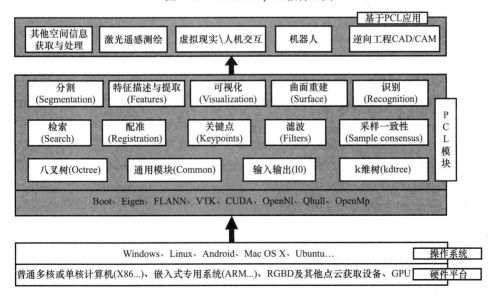

图 7-31 PCL 点云库架构图

7.4 BIM项目中的点云技术应用实例

7.4.1 通过点云扫描线进行构件表面裂缝识别

某预制梁场综合使用表面摄影、3D激光扫描、声发射等技术进行预制梁表面与内部缺陷的识别，通过在制梁期间进行连续监测，基于监测所得数据，经过算法处理得到预制梁缺陷的时空分布变化，以便及时发现预制梁潜在的质量问题并进行干预。本节选取图7-32所示区域的裂缝，在Matlab中编写算法进行识别。

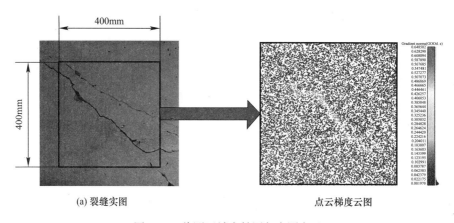

(a) 裂缝实图　　　　　　　　　点云梯度云图

图7-32　待测区域实拍图与实测点云

1）扫描线法基本思想

扫描线法本质上是一种基于高度差的裂缝识别算法。由于裂缝位置处存在凹陷，当激光扫描到裂缝位置时，其表面高程将发生骤降，因此，若与裂缝呈一定角度对点云进行剖切，得到的扫描线将显现一定的突变性，图7-33显示了平滑扫描线与裂缝存在时的突变扫描线的差异。

因此可以在与裂缝正交的方向上对点云进行多次扫描式剖切，从而得到多个条带。如图7-34所示，提取沿条带方向点云高程的变化情况。若点云高程发生突变，说明对应位置存在裂缝。通过连接多束扫描线上的突变点位置，便能得到裂缝的平面分布情况。

2）基于小波分析的信号突变点检测

小波分析于1974年由法国工程师J.morlet提出，其采用可伸缩平移的小波基函数对信号进行逐频率逐时分解，最终达到高频处时间细分、低频处频率细分、能自动适应时频信号分析的要求。通过小波分析，不仅可以得到信号的频率组分，还能知道对应频率组分出现的时间。由于小波分析能够通过伸缩和平移实

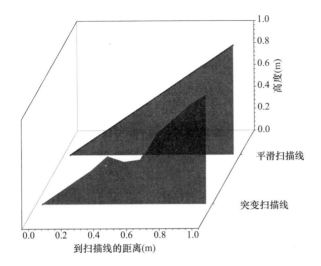

图 7-33　平滑扫描线与突变扫描线区别示意图

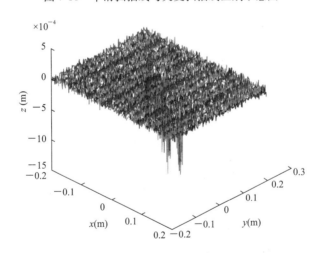

图 7-34　实测点云沿扫描线高程变化

现对信号的多尺度细化分析，因此其也被誉为"数学显微镜"。通过对原始信号使用不同的小波分解基提取细节信号，从图 7-35 可以看到在一定的小波分解层数下，细节信号出现了显著的峰值，因此可以根据峰值点出现的位置确定裂缝与扫描线的交点坐标。

　　3）识别算法与执行效果

　　通过依次连接不同条带上小波信号细节信号峰值所对应的平面点，可获得裂缝检测结果。如图 7-36 所示，对比实际裂缝区域与使用不同小波基的算法识别结果，Coiflets2 小波基的识别线最符合原始裂缝所在区域，识别效果最好，平均误差仅为 5.78mm。

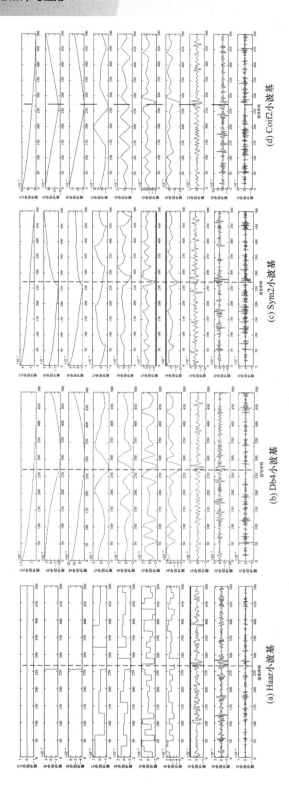

图 7-35　扫描线使用不同小波基 1～10 层分解所得细节信号

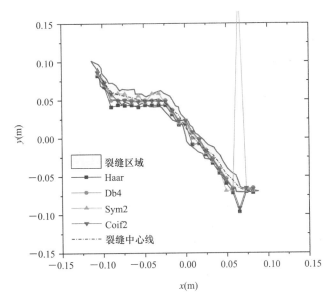

图 7-36 识别结果与实际裂缝区域对比

7.4.2 废弃物填埋场土方量计算

深圳某建筑物废弃物填埋场为了实现土方增长量的智慧化检测，使用激光雷达在不同时间点对场区开展扫描，希望通过对比不同时间的地表点云体积差得到土方变化量。而在后期点云处理的过程中，由于场区内水体反射形成的空洞和庞大的植被量，为地表点云的获取和重建带来了一定难度。

1）点云体积计算原理

本项目中采用网格采样法计算点云体积。如图 7-37 所示，首先建立平面网

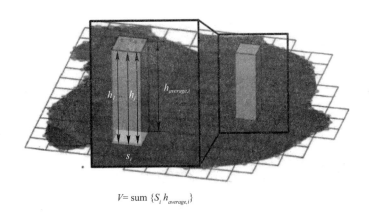

$$V= \text{sum} \{S_i h_{average,i}\}$$

图 7-37 点云体积计算网格采样法原理示意图

格，统计每个网格内的点云标高平均值，乘以网格尺寸得到单个格子内点云体积，再将单个格子的体积进行叠加，得到点云相对于基准面的总体积，最后根据点云体积之差计算土方量。

2）点云处理流程

为了从原始点云中获取可以用于土方量计算的地表点云，将点云按照图 7-38 所示的流程在 CloudCompare 中进行处理，得到的地表高程云图如图 7-39 所示。

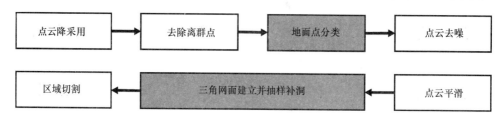

图 7-38　点云处理流程图

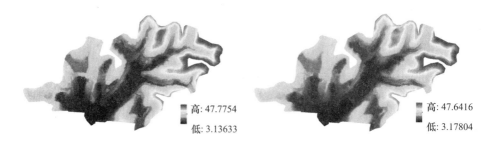

图 7-39　点云处理成果地表高程云图

（1）点云降采样：如果原始点云中点数量过多，将导致后继各步的处理耗时大大增加，因此需要从原始点云中抽取一定数量的点以减少点数量，本项目采用的是随机索引降采样方法。

（2）去除离群点：由于点云在收集过程中受到多因素的影响，会产生少量离群点，在本项目中使用手动方法去除离群点。

（3）地表点分类：植被点云会严重干扰土方体积的计算精确度，为了滤除点云中的植被点云，本项目使用布料滤波算法（Cloth Simulation Filter，CSF）对地面点和非地面点进行分类。

（4）点云去噪与平滑：在地面点分类完成后，并不能严格保证植被点和地面点被完全分离，此时可能仍然存在孤立的植被点云，本项目使用低通滤波器滤除噪声点。为了使得地表变化趋势更加平滑，使用最小二乘法（MLS）进行点云平滑。

（5）三角网面建立并抽样补洞：为了填补原始点云中由于水体反射而形成的空洞，在已有点云的基础上使用贪婪投影三角化方法建立三角网以填补空洞区域，并在三角网上均匀抽样得到空洞区域的点云。

（6）区域切割：实际点云测量区域往往大于待测区域，为了明确土方量计算的范围，绘制多边形边界，将非待测区域的点云从现有点云中分割出去。

3）点云体积差计算

如图 7-40 所示，基于点云处理成果，计算两个不同时刻间点云的高度差，从中提取高度变化明显的填埋区域 1、2、3 开展局部点云体积差计算，以提高土方量计算的精度。

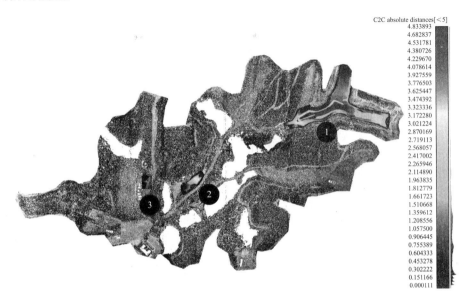

图 7-40　填埋区域地表高度变化

7.4.3　建筑立面点云窗洞检测与参数化建模

随着数字城市的不断发展，数字城市平台对建筑数字模型精细度的要求不断提高。作为建筑外立面点云的主要组成部分，窗户点云的提取和模型重建对增加建筑模型的丰富度具有重要的意义，是实现建筑物精细建模的前提。本书使用 C++语言基于 PCL 库编写了窗洞检测算法，其主要包含墙面点云分割、窗洞边缘检测、边缘点聚类分割、边缘规则化 4 个流程。用于算法实验的点云案例为图 7-41 所示中山大学珠海校区海琴 4 号楼建筑点云，如图 7-41 所示。

1）墙面点云分割

随机采样一致性（RANSAC）算法是一种用于从包含噪声的一组数据中估计数学模型的迭代算法，由 Fischler 和 Bolles 于 1981 年提出，本案例使用该算法进行不同墙面点云的分割。RANSAC 算法包括以下两个假设，一是我们关注的所有数据都由内值和异常值组成，内值可通过一个包含特定参数集的数学模型来描述；二是存在程序可以从数据中最优地估计出所选择模型的参数。图 7-42

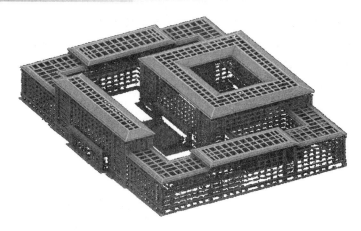

图 7-41　窗洞检测实验点云

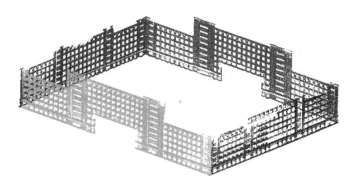

图 7-42　基于 RANSAC 的墙面点云分割结果

展示了基于 RANSAC 的墙面点云分割结果，使用 RANSAC 算法进行点云平面分割的步骤如下：

（1）从点云中采样 3 个样本点，并根据样本点计算平面方程；

（2）计算点云中剩余点与平面的距离，并根据距离阈值确定剩余点中的内点和外样本点，最后统计点云中的内点数量；

（3）重复步骤（1）（2），根据算法是否运行到达最大迭代次数或内点在整个模型中的比例是否达到阈值来判断循环是否结束；

（4）选取内点比例最大的数学模型作为最优模型。

2）窗洞边缘检测

在使用激光雷达对建筑外立面进行扫描时，由于窗玻璃对激光的反射率较低，在窗户位置会留下点云空洞，因此可以通过墙面点云空洞内部边界检测获取窗户所处位置和尺寸。本项目使用基于邻域的方法进行窗洞边缘的估计，通过基点和 k 邻近点连线之间的最大夹角判断基点是否为边缘点。邻域法包括法线计算和边缘点检测两个关键步骤。

（1）法线计算

本文使用 Kdtree 的 k 临近搜索算法查找点云中每个点 P_i 的 k 个临近点 N_j（$j=0,1,\cdots,k-1$），与邻近点形成切平面的参考点集 $\mathbf{X}_i$，使用最小二乘法对参考点集合进行拟合，得到对应点的局部切平面，进而得到切平面法向量。

（2）边缘点检测

如图 7-43 所示，将点 P_i 与 k 个邻近点 N_j 投影到切平面上，得到 P_i' 与 N_j'，连接 P_i' 与 N_j' 得到矢量 $\boldsymbol{l}_j$，计算相邻矢量间的夹角 δ_j。当相邻向量间的夹角小于给定角度阈值（如 $90°$、$45°$）时，说明在这个夹角范围内不存在邻近点，点 P_i 位于几何边缘位置。根据上述原理探测到的边缘点如图 7-44（a）所示。

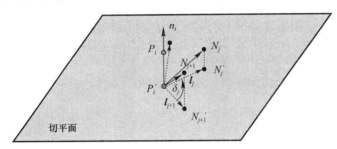

图 7-43　边缘点几何特征分析示意图

3）边缘点云欧式聚类分割

边缘点检测完成后，所有边缘点均被划分到同一个点云内，但此时仍然无法确定每个点各属于哪个窗洞，为了满足对单个窗洞的计算需求，需要使用聚类方法将边缘点云根据空间连续性分割为相互独立的多个窗洞点云。本节所采用的聚类分割方法为基于欧几里得距离的聚类分割法，图 7-44（b）为对图 7-44（a）中洞口边缘点云的聚类结果，其中不同颜色表示不同的聚类（可扫描封面二维码获取电子版彩色图片）。

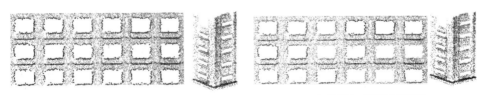

(a) 边缘点云检测效果　　　　　　　(b) 边缘点云聚类分割效果

图 7-44　洞口点云局部识别结果

4）边缘规则化

在得到单个窗洞的边缘点云后，算法通过计算点云的最小包围盒得到窗洞角点，进而实现窗洞的矢量化。算法原理如图 7-45 所示，算法首先获取窗洞边缘

点云中的最高点 p_{he} 和最低点 p_{lo}，选取其中一点作为基准点，在窗洞所处的平面上取一平行于地面的方向向量 $\mathbf{m}$；接着遍历点云中的所有点，计算其余点和基准点连线在 $\mathbf{m}$ 方向上的投影长度，取投影长度最大和最小值所对应的点作为点云的左右边界点 p_L 和 p_R；最后分别做过 p_{he} 和 p_{lo} 的直线 l_1、l_2，并将 p_L 和 p_R 向这两条直线投影，所得的 4 个投影点即为窗洞角点。

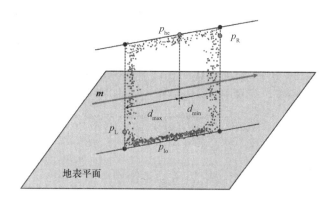

图 7-45 窗洞规则化原理示意图

5）基于提取结果的参数化 BIM 建模

图 7-41 所示建筑外立面中 4 个典型立面的窗洞识别结果如图 7-46 所示，可以看到本项目所编制算法得到了较好的识别效果。

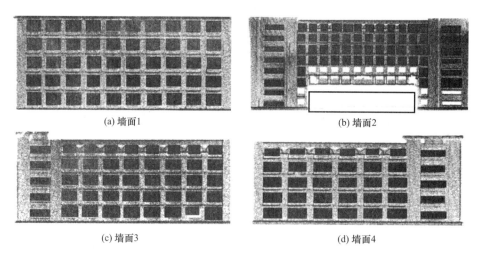

(a) 墙面1　　　　　　　　　　　　　　　(b) 墙面2

(c) 墙面3　　　　　　　　　　　　　　　(d) 墙面4

图 7-46 典型立面窗洞识别结果

基于算法提取得到的窗洞点云角点数据，在 Revit 中使用 Dynamo 可视化编程工具编写墙面窗重建二次开发命令流，以实现点云特征数据驱动下的 BIM 模型自动重建，二次开发命令流程图如图 7-47 所示，重建结果如图 7-48 所示。二

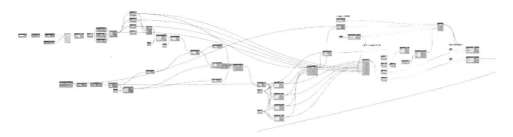

图 7-47 窗户重建命令流

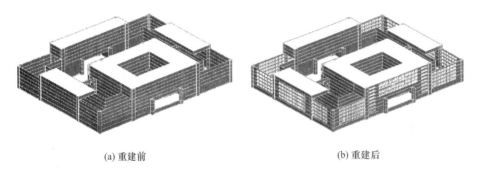

(a) 重建前   (b) 重建后

图 7-48 窗户 BIM 重建效果

次开发命令流的主要步骤如下:

（1）读取窗洞点云角点坐标数据，根据窗洞的阵列化排列特点，计算窗洞尺寸平均值、窗洞间距平均值以及窗台平均高度，得到平均化后的窗洞各角点位置；

（2）根据（1）中的角点位置，计算每扇窗户的法线矢量以及每幢墙体表面的法线矢量，据此计算二者夹角，设定夹角阈值，初步筛选出可布置窗户的表面，在上述表面内提取距离窗洞中心点最近的表面，得到每扇窗户的布置面；

（3）在 Dynamo 自定义节点中，将标高、族类型、窗户布置点作为输入参数，调用 RevitAPI 接口进行窗族构件的放置；

（4）将（1）中平均化得到的窗洞长宽作为实例参数，赋予（3）中放置的窗族构件，形成窗户模型；

（5）对每面墙体执行（1）～（4）操作，得到全楼窗洞重建结果。

参 考 文 献

[1] 刘小军，贾金原. 面向手机网页的大规模 WebBIM 场景轻量级实时漫游算法 [J]. 中国科学：信息科学，2018, 48 (03)：274-292.

[2] 齐宝库，李长福. 基于 BIM 的装配式建筑全生命周期管理问题研究 [J]. 施工技术，2014, 43 (15)：25-29.

[3] 胡振中，路新瀛，张建平. 基于建筑信息模型的桥梁工程全寿命期管理应用框架 [J]. 公路交通科技，2010, 27 (S1)：20-24.

[4] 王广斌，刘守奎. 建设项目 BIM 实施策划 [J]. 时代建筑，2013 (2)：48-51.

[5] 孙悦. 基于 BIM 的建设项目全生命周期信息管理研究 [D]. 哈尔滨：哈尔滨工业大学，2011.

[6] 宋战平，史贵林，王军保，郑文杰，王娟娟，王涛. 基于 BIM 技术的隧道协同管理平台架构研究 [J]. 岩土工程学报，2018, 40 (S2)：117-121.

[7] 赵雪锋. 建设工程全面信息管理理论和方法研究 [D]. 北京：北京交通大学，2010.

[8] 买亚锋，张琪玮，沙建奇. 基于 BIM+物联网的智能建造综合管理系统研究 [J]. 建筑经济，2020, 41 (6)：61-64.

[9] 王亭，王佳. 基于 BIM 与 IoT 数据的交互方法 [J]. 计算机工程与设计，2020, 41 (1)：283-289.

[10] 林建昌，何振晖，林江富，吴晓伟. 基于 BIM 和 AIoT 的装配式建筑智能建造研究 [J]. 福建建设科技，2021 (4)：120-123.

[11] 许镇，吴莹莹，郝新田，杨雅钧. CIM 研究综述 [J]. 土木建筑工程信息技术，2020, 12 (3)：1-7.

[12] 彭明. 从 BIM 到 CIM——迎接中国城市建设、管理及运营模式变革 [J]. 中国经贸导刊，2018 (27)：45-46.

[13] 许镇，吴莹莹，郝新田，杨雅钧. CIM 研究综述 [J]. 土木建筑工程信息技术，2020, 12 (3)：1-7.

[14] 耿丹，李丹彤. 智慧城市背景下城市信息模型相关技术发展综述 [J]. 中国建设信息化，2017 (15)：72-73.

[15] 张晗玥. 基于 WebGL 的 BIM 模型可视化方法研究 [D]. 西安：西安建筑科技大学，2017.

[16] 王海涛，刘美艳，郭菊，朱峰. BIM 模型网页端可视化研究 [J]. 水利规划与设计，2020 (3)：98-101.

[17] 储伟伟，华玉艳，田章华. BIM 模型网页端展示交互技术及其在隧道运维管理中的应用 [J]. 土木建筑工程信息技术，2018, 10 (1)：60-64.

[18] 庞红军，贾金原，卫建东. 基于 Web3D 的 BIM 轻量化技术在地铁中的应用 [J]. 电脑知识与技术，2019, 15 (1)：253-258.

[19] 李德仁. 论时空大数据的智能处理与服务 [J]. 地球信息科学学报，2019, 21 (12)：

1825-1831.

[20]　Grieves，Michael. Digital Twin：Manufacturing Excellence through Virtual Factory Replication [J]. White paper，2014，1：1-7.